JN268746

H8アセンブラ入門

浅川 毅・堀 桂太郎 共著

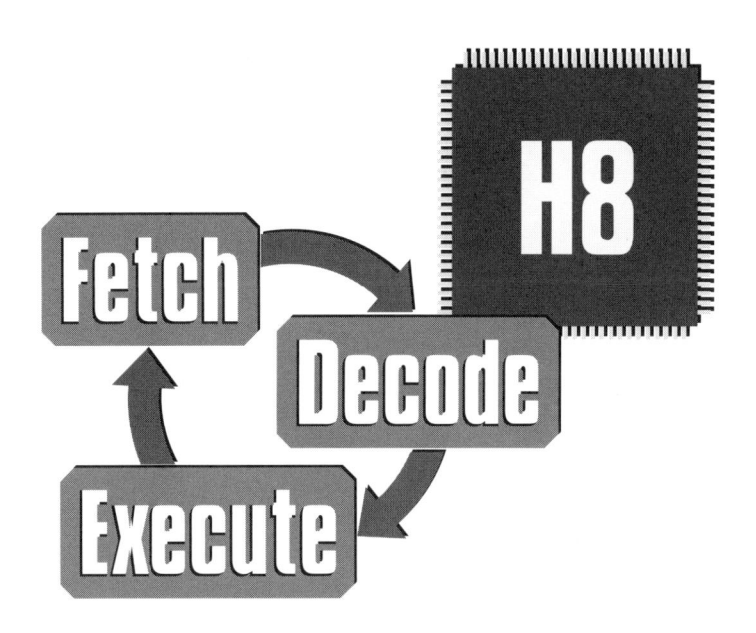

東京電機大学出版局

本書の全部または一部を無断で複写複製（コピー）することは，著作権法上での例外を除き，禁じられています．小局は，著者から複写に係る権利の管理につき委託を受けていますので，本書からの複写を希望される場合は，必ず小局（03-5280-3422）宛ご連絡ください．

まえがき

　H8は，ルネサステクノロジ（日立製作所と三菱電機の半導体部門の統合会社）の開発した高性能な制御用マイコンです．本書で扱うH8/300Hシリーズは，符号付き演算や乗算，除算などの強力な命令セットに加えて，多くの周辺機能を有しています．H8/300Hシリーズに属する機種としては，H8/3048F，H8/3048F-ONE，H8/3052F，H8/3664F（Tinyシリーズ）などがあり，これらを搭載したマイコンボードも各社から市販されています．これらは，ホビーで楽しむマイコン制御から，本格的な制御まで十分に対応できる性能を持っています．

　また，H8/300Hシリーズには，同じCPUが使用されており，シリーズ中のすべての機種で命令セットの互換性があります．また，H8/300シリーズとも上位互換性があります．

　本書は，H8/300Hシリーズを使用して，各種の制御を行いたいと考えている方々を対象にしたアセンブラ言語の入門書であり，次のような特徴があります．

　　・マイコンを初めて学ぶ人にも理解できるようにマイコンの基本構成や2進数の扱いなど，マイコンの基礎から説明した．
　　・ハードウェアについては，深入りせずに，プログラミングに必要とされる内容に的を絞った．
　　・内容の理解を深めるために，例題や章末問題を用意した．
　　・H8/300H CPUのすべての命令について明快に解説した．

　さらに，著者らが長年にわたりマイコン制御教育の一環として取り組んできたロボット競技大会で得たノウハウを活かし，これらのプログラミングでよく使われるプログラミングテクニックについても解説しました．

　本書が，皆様の目的とされるマイコン制御を実現のために役立つことを祈って

まえがき

います．

　最後になりましたが，本書を出版するにあたり，多大なご尽力をいただいた東京電機大学出版局の植村八潮氏，石沢岳彦氏にこの場を借りて厚く御礼申し上げます．

2003年9月

著者らしるす

目　次

第1章　マイコンとH8/300Hシリーズ

1.1　マイコンとは ……………………………………………1
1. マイコンとその利用 …………………………………………1
2. マイコンの構成 ………………………………………………2
3. マイコンの動作 ………………………………………………2
4. マイコンの処理性能 …………………………………………3
5. マイコンの分類 ………………………………………………5

1.2　H8/300Hシリーズ ………………………………………9
1. H8/3048Fの特徴 ……………………………………………9
2. H8/3048Fの基本構成 ………………………………………12
3. H8/3048Fの構成要素 ………………………………………13
4. H8/3048Fの使用例 …………………………………………21

1.3　プログラム開発 …………………………………………23
1. 準　備 …………………………………………………………23
2. 開発手順 ………………………………………………………23

演習問題 …………………………………………………………26

第2章　マイコンでのデータの扱い

2.1　2進数と16進数 …………………………………………27
1. 10進数，2進数，16進数 ……………………………………27
2. 10進数，2進数，16進数の変換 ……………………………30

iii

目次

2.2 2進数の計算 …………………………………………… 33
1. 負の数の表現 ………………………………………… 33
2. 2進数の加算，減算 ………………………………… 34

2.3 論理演算 ………………………………………………… 36
1. 算術値と論理値 ……………………………………… 36
2. NOT, AND, OR, XOR ……………………………… 38
3. シフト・ローティト演算 ……………………………… 40

演習問題 ……………………………………………… 44

第3章 アセンブラ言語

3.1 命令の種類と命令の形式 ……………………………… 45
1. 機械語とアセンブラ言語 …………………………… 45
2. 命令の種類 …………………………………………… 46
3. 命令の形式 …………………………………………… 47

3.2 機械語命令の働き ……………………………………… 50
1. データ転送命令 ……………………………………… 53

   MOV命令／PUSH命令／POP命令

2. 算術演算命令 ………………………………………… 56

   ADD命令／SUB命令／ADDX命令／SUBX命令／INC命令／DEC命令／
   ADDS命令／SUBS命令／DAA命令／DAS命令／MULXU命令／
   MULXS命令／DIVXU命令／DIVXS命令／CMP命令／NEG命令／
   EXTS命令／EXTU命令

3. 論理演算命令 ………………………………………… 69

   AND命令／OR命令／XOR命令／NOT命令

4. シフト命令 …………………………………………… 72

   SHAL命令／SHAR命令／SHLL命令／SHLR命令／ROTL命令／
   ROTR命令／ROTXL命令／ROTXR命令

5. ビット操作命令 ……………………………………… 78

BSET命令／BCLR命令／BNOT命令／BTST命令／BAND命令／
BIAND命令／BOR命令／BIOR命令／BXOR命令／BIXOR命令／
BLD命令／BILD命令／BST命令／BIST命令

 6. 分岐命令 ……………………………………………………87
   Bcc命令／JMP命令／BSR命令／JSR命令／RTS命令
 7. システム制御命令 ……………………………………………95
   TRAPA命令／RTE命令／SLEEP命令／LDC命令／STC命令／ANDC命令／
   ORC命令／XORC命令／NOP命令
 8. ブロック転送命令 ……………………………………………102
   EEPMOV命令

3.3 アドレッシング ……………………………………110
3.4 アセンブル例 ………………………………………117
  演習問題 ………………………………………………119

第4章 基本プログラムの作成

4.1 プログラムの書式と記述例 …………………121
4.2 基本操作 ……………………………………………123
 1. データ転送 ……………………………………………………123
 2. 条件分岐 ………………………………………………………127
 3. 繰り返し ………………………………………………………133
 4. 数値計算 ………………………………………………………135
 5. ビット操作 ……………………………………………………138
  演習問題 ………………………………………………142

第5章 応用プログラムの作成

5.1 副プログラム ………………………………………143
 1. サブルーチン …………………………………………………143

2.　割り込みサブルーチン ……………………………… 150
5.2　制　御 ………………………………………………… 159
　　1.　入出力ポートの設定 ………………………………… 159
　　2.　出力処理 ……………………………………………… 162
　　3.　入力処理 ……………………………………………… 165
5.3　プログラム例 ………………………………………… 166
　　1.　論理回路の代用 ……………………………………… 166
　　2.　入力ノイズの除去 …………………………………… 172
　　3.　ライントレースカー ………………………………… 175
　　演習問題 ………………………………………………… 182

第6章　プログラム開発ソフトの利用

6.1　開発に必要なソフトウェア ………………………… 183
6.2　開発に必要なハードウェア ………………………… 187
6.3　アセンブラによる開発例 …………………………… 188

演習問題の解答 ……………………………………………… 194
付録1　H8命令セット ……………………………………… 196
付録2　マイコンなどの入手先 …………………………… 208
参考文献 ……………………………………………………… 208
索　引 ………………………………………………………… 210

第1章
マイコンとH8/300Hシリーズ

学習のポイント マイコンのプログラムを作成するためには，マイコンの機能をよく知ることが大切である．本章では，一般的なマイコンについて学んだあと，本書で扱うH8マイコンのハードウェアについて学ぶ．

1.1 マイコンとは

● 1. マイコンとその利用

　マイコン（マイクロコンピュータ）は電卓・オフィス機器用LSIを開発する過程で1971年に誕生した．このマイコンは2 300程度のトランジスタを集積して構成された．

　マイコンに集積できるトランジスタ数は，半導体集積技術の発展とともに増加し，現在では数千万個～数億個のトランジスタを集積するものがコンピュータの中央処理装置として使われている．

　一方，小規模で小型のマイコンも，オーディオ，冷蔵庫，炊飯器，洗濯機，エアコンなどの家電製品や，自動車の制御機器など制御用として利用されている．

◀問1.1▶
マイコンが組み込まれていると思われる製品を，身近なものからいくつか選び，答えよ．

● 第1章　マイコンとH8/300Hシリーズ ●

●2. マイコンの構成

　図1.1にマイコンの基本構成を示す．この構成は，1946年に数学者ジョン・フォン・ノイマン（John Von Neumann, 1903～1957）による**ストアードプログラム方式**の提唱に基づくものである．ストアードプログラム方式では，プログラムを記憶する**記憶装置**と，命令を実行する**演算装置**が必要である．マイコンでは，**中央処理装置**（**CPU**, central processing unit）が演算装置として使用され，**ICメモリ**が記憶装置として使用される．また，**入力装置**や**出力装置**とのデータの受け渡しには，**インタフェース**と呼ばれる回路（LSI）が使われる．

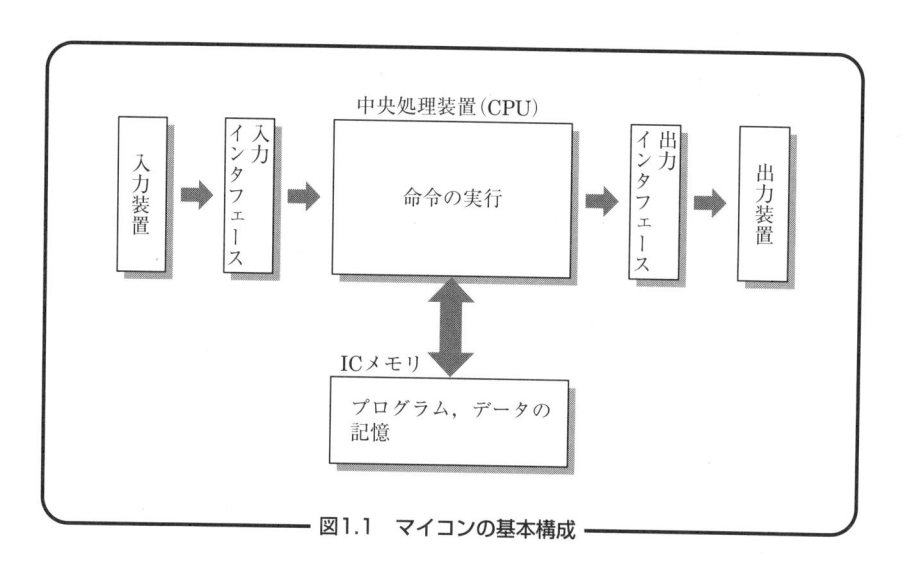

```
入力装置 → 入力インタフェース → 中央処理装置(CPU) 命令の実行 → 出力インタフェース → 出力装置
                                         ↕
                                      ICメモリ
                                  プログラム，データの記憶
```

──── 図1.1　マイコンの基本構成 ────

●3. マイコンの動作

　CPUは，メモリに記憶されたプログラムを逐次に実行する．命令の実行は，読み出し，解読，実行の順に行われる．メモリから命令を読み出すことを**フェッチ**，命令の解読を行うことを**デコード**，命令の実行を行うことを**イクセキュート**とい

● 問1.1の解答

　（解答例）炊飯器，洗濯機，エアコン，オートフォーカスカメラ

図1.2 命令の実行過程

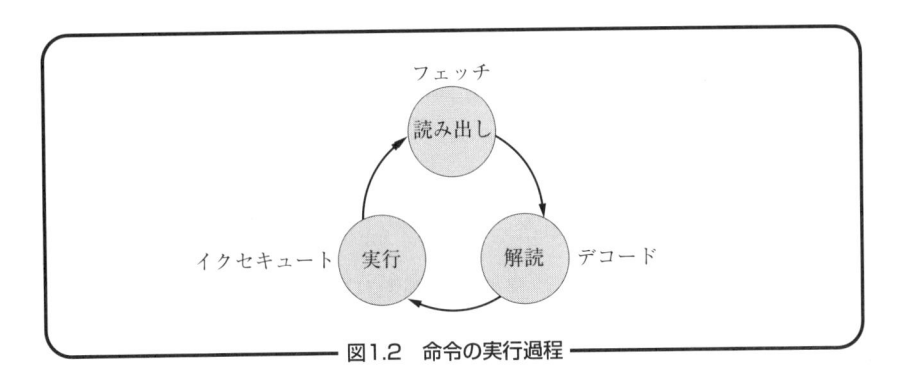

う．CPUはこれらの動作を繰り返し実行し，プログラムを処理する．

(1) **読み出し（フェッチ）**

メモリに格納されている機械語命令をCPUの命令レジスタに読み出す．命令の実行を終えるたびに次の命令のフェッチを行う．

(2) **解読（デコード）**

命令レジスタにフェッチされた機械語命令をデコーダ（解読器）によって解読する．

(3) **実行（イクセキュート）**

解読された命令に従い，マイコン内の各装置に指令を出して，命令の実行を行う．

●4. マイコンの処理性能

マイコンは，マルチメディア処理を重視するものや科学技術計算を重視するものなど，用途ごとにつくられているため，単純に処理性能を比較することはできない．そこで，マイコンの処理性能は，基準となる処理を実行したときの**処理時間**で比較される．処理時間は次式で求められる．

$$処理時間〔s〕＝サイクルタイム×CPI×命令数$$

(1) **サイクルタイム（cycle time）**

図1.3に示すように，マイコンは動作クロックと呼ばれるパルス信号に同期し

```
信号レベルH ─┐ ┌─┐ ┌─┐ ┌─┐       ┌───┐ ┌─┐ ┌─
信号レベルL   └─┤1├─┤2├─┤3├─ ⋯ ─┤n-1├─┤n├─┘
              └─T─┘
              サイクル
              タイム[s]
              ├──────────── 1 s ────────────┤

動作周波数 $f = n$ [Hz],  サイクルタイム $T = \dfrac{1}{n}$ [s]
```

図1.3　マイコンの動作クロック

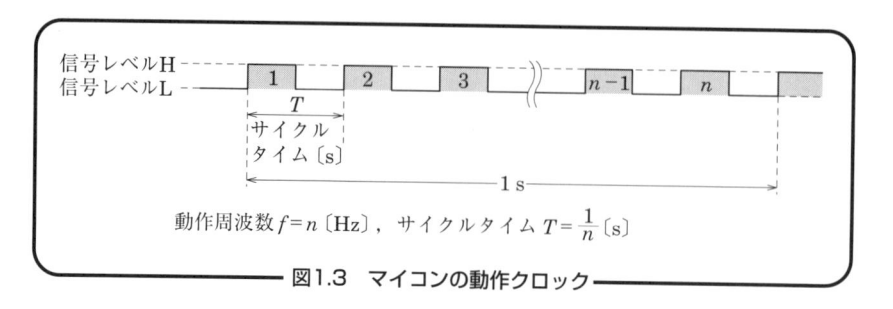

て処理を行う．1クロック当たりの時間T[s]を**サイクルタイム**と呼ぶ．1秒当たりの動作クロック数f[Hz]を**動作周波数**と呼ぶ．最大動作周波数が大きいマイコンほどサイクルタイムは短い．1クロックは**1ステート**とも呼ばれる．

(2) CPI(cycles per instruction)

マイコンが1命令当たりに使用する**平均クロック数**を**CPI**と呼ぶ．1個の命令のみに注目した場合の例を図1.4に示す．この場合，読み出し，解読，実行の3回のクロックで処理されるので，CPIは3である．

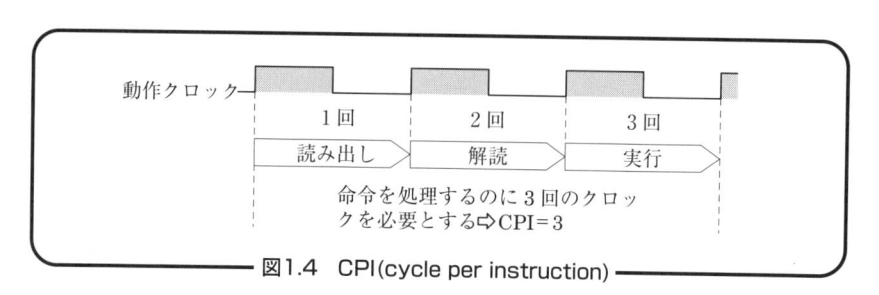

図1.4　CPI(cycle per instruction)

◀問1.2▶
　10MHzの動作クロックを使用するマイコンのサイクルタイム（1ステート）はいくらか答えよ．

(3) 命 令 数

ある処理を実行するのに必要な**命令数**は，マイコンによって異なる．例えば，

2個の数値を乗算する場合，乗算命令を備えるマイコンでは1命令でよいが，乗算命令を備えないマイコンではいくつかの命令を組み合せる必要がある．

そのほかに処理能力の目安としては，1秒間に実行できる命令数を以下のように表す．

〔**MIPS**〕（million instructions per second）：1秒間に実行できる命令数．100万単位で表す．

〔**FLOPS**〕（floating-point operations per second）：1秒間に実行できる浮動小数点演算数．

◀ 問1.3 ▶

1分間に870 000 000回の命令を実行するマイコンの処理能力は何MIPSか答えよ．

5. マイコンの分類

一般的にマイコンは**命令形態**，**演算桁数**，**利用形態**で分類される．

(1) 命令形態での分類

マイコンの命令はメーカや品種によって異なるが，基本命令の記述形態より次のように分類される．

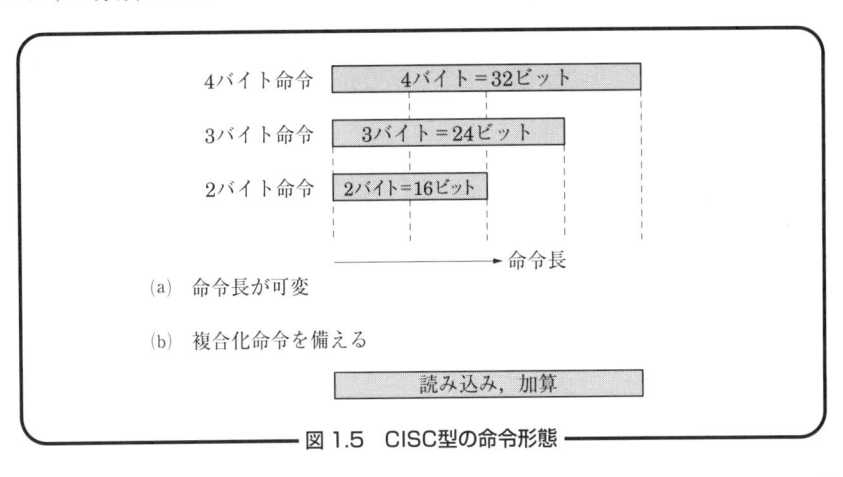

```
4バイト命令    4バイト＝32ビット
3バイト命令    3バイト＝24ビット
2バイト命令    2バイト＝16ビット
                          → 命令長
(a) 命令長が可変
(b) 複合化命令を備える
         読み込み，加算
```

図 1.5　CISC型の命令形態

● CISC型

　CISC（complex instruction set computer）型では，ビジネス用やマルチメディア用などの用途に適した命令を盛り込み，1つの命令で多くのことを行う複合化命令を備える．構造が複雑になることと，命令当たりの長さ（ビット数）やクロック数（ステート数）が一定でないために，最大動作周波数を上げにくい面がある（図1.5）．本書で扱うH8/300H CPUは，CISC型のマイコンである．

● RISC型

　RISC（reduced instruction set computer）型では，基本的に命令の長さは一定であり，1クロックで1命令の実行を行う．構造的に最大動作周波数を上げやすい反面，複雑な処理は命令を組み合せて実行するため，CISC型以上に最大動作周波数を上げる必要がある（図1.6）．

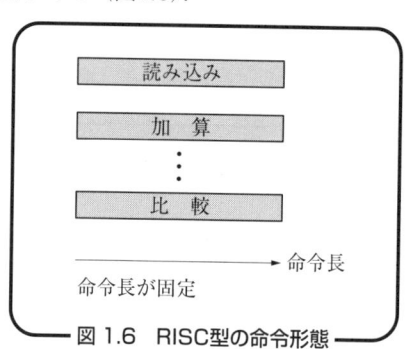

```
┌─────────────────────────┐
│     ┌──────────┐        │
│     │ 読み込み │        │
│     └──────────┘        │
│     ┌──────────┐        │
│     │   加　算 │        │
│     └──────────┘        │
│          ︙             │
│     ┌──────────┐        │
│     │   比　較 │        │
│     └──────────┘        │
│   ←──────────→ 命令長   │
│    命令長が固定         │
└─ 図1.6　RISC型の命令形態 ─┘
```

● VLIW型

　VLIW（very long instruction word）型では，命令長が長い複合命令を使用し，複数の処理を並列に実行する．複数の実行ユニット（命令を実行する部分）を1つのマイコンに装備する．命令は**パケット**と呼ばれる処理のまとまりに分割され，

●問1.2の解答
　$T = 1/f = 1/(10 \times 10^6) = 0.1\,\mu\text{s}$

●問1.3の解答
　$870\,000\,000/60/1\,000\,000 = 14.5\text{MIPS}$

図1.7 VLIW型の命令形態

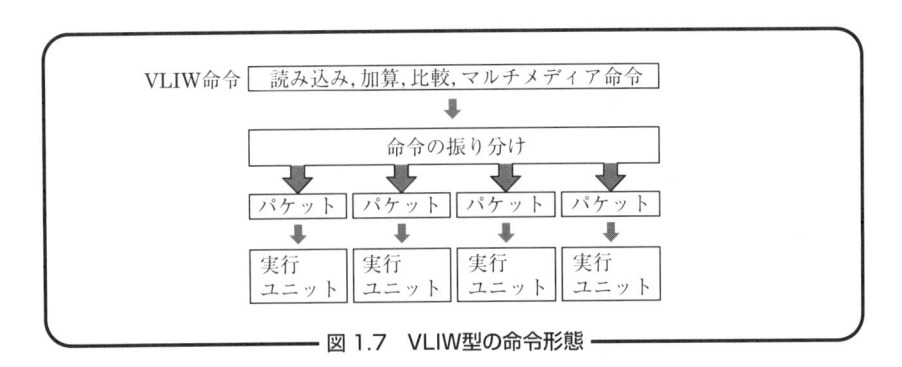

パケット単位で各実行ユニットに振り分けられ，並列処理される．理論的には集積される実行ユニット数を増やすことで処理能力を上げることができる．

(2) 演算桁数での分類

マイコンの備える基本演算装置では，加算や減算などの算術演算などいくつかの演算処理がなされる．マイコンは，データを2進数で扱うので，例えば10進数

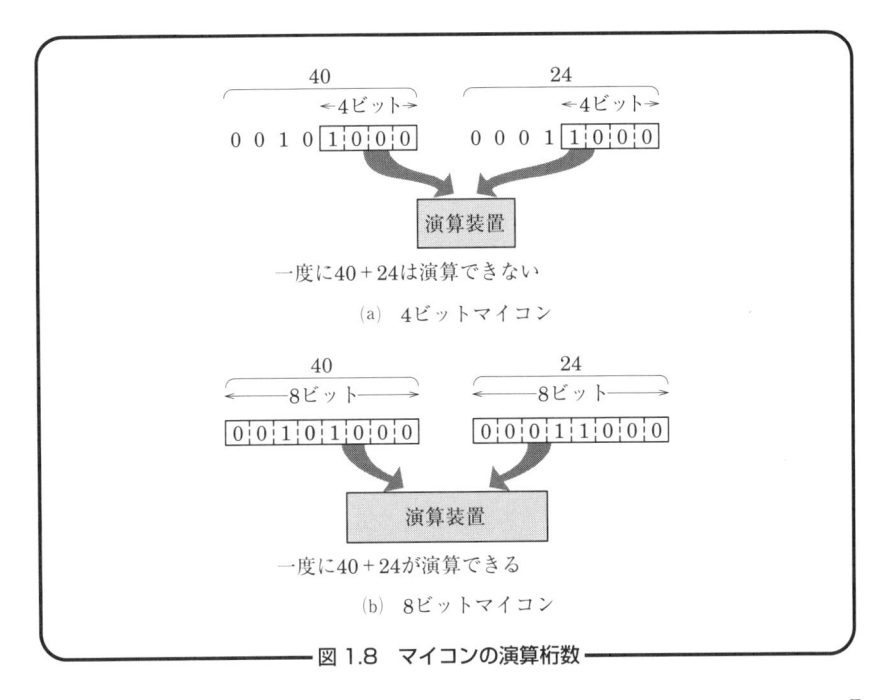

図1.8 マイコンの演算桁数

で40＋24の演算は以下の2進数で演算される．

$$0010\ 1000_{(2)} + 0001\ 1000_{(2)}$$

マイコンの演算桁数（処理ビット幅）が4ビットの場合と8ビットの場合を図1.8(a),(b)に示す．演算桁数が4ビットのマイコンを4ビットマイコン，8ビットのものを8ビットマイコンと呼ぶ．40（2進数6桁）と24（2進数5桁）の演算を行う場合，8ビットマイコンでは1回で演算できるが，4ビットマイコンではデータを4ビット単位に分割しなくてはならないため，最低2回以上の演算が必要となる．このように，演算装置の演算桁数は演算処理能力の1つの目安となっている．

(3) 利用形態での分類

近年の半導体集積技術の発展により，億単位のトランジスタを1つのLSIに集積することが可能となった．また，現代社会のニーズはますます多様化する方向にある．このような背景をもとに，用途ごとに機能や処理を付加した多くの種類のマイコンがつくられている．マイコンは利用形態の面より，汎用向けと特定用途向けに大別される．

● 汎用向けマイコン

パーソナルコンピュータなど汎用性のあるコンピュータシステムの中央処理装置として使われるマイコンを示す．汎用向けマイコンは，演算処理能力の向上を主として発展を続けている．

● 特定用途向けマイコン

現在，大小さまざまなLSI規模の特定用途向けマイコンが用途に応じてつくられている．例えば，家電製品や自動車機器などに組み込まれるワンチップマイコンは，中央処理装置とともに主記憶装置や入出力ICなどを1個のLSIに集積した小規模のマイコンである．これらのマイコンは，制御向けという意味で**マイクロコントローラ**とも呼ばれる．

また，高性能のマルチメディア処理を必要とするゲーム機などでは，画像処理能力や音声処理能力などに重点をおく専用のマイコンが使われている．

1.2 H8/300Hシリーズ

　H8マイコンは，ルネサステクノロジにより開発されたマイコンである．本書で扱うH8/300Hシリーズは，H8マイコンシリーズの中位に属し，高機能の割には安価で入手しやすいため，ホビーから製品への組み込みまで，幅広く使用されている．また，プログラムを内蔵のフラッシュメモリに格納するため，プログラムの書き換えが簡単に行えるので，マイコンプログラムの学習に適している．

　H8/300Hシリーズには，H8/3048F，H8/3052F，H8/3069F，H8/3664F（Tinyシリーズ）などの機種があるが，コアとなるCPUには同じH8/300Hが使用されているため，命令に互換性がある．ここでは，H8/3048Fを例にして，その概要を学ぼう．

●1. H8/3048Fの特徴

　図1.9に，H8/3048Fの外観を示す．

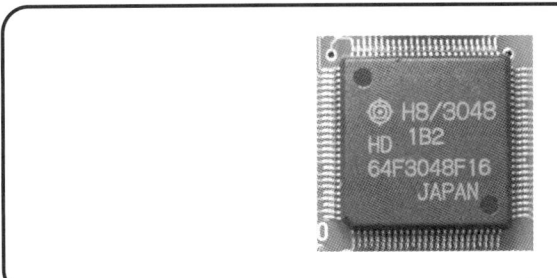

図 1.9　H8/3048F の外観

　H8/3048Fは，100ピンの小型16ビットマイコンであり，以下の特徴を有する．

(1) **制御向けマイコン**

　128kBのROM（フラッシュメモリ），4kBのRAMを内蔵．ビットごとに設定が可能な入出力ポート11個（78ピン）を備えており，出力ポートとして使用する場合には，直接LEDの駆動が可能．

● 第1章　マイコンとH8/300Hシリーズ ●

(2) 豊富な機能

割り込み，各種タイマ，A-D/D-Aコンバータ，スリープモード，ウオッチドッグタイマ，通信機能など豊富な機能を内蔵．

(3) 62種類の基本命令

8/16/32ビットの転送・演算命令，乗除算命令，強力なビット操作命令など，62種類の基本命令を持つ．使用頻度の高い命令は2〜4ステートで実行，最小命令実行時間は80ns，最高クロックは16MHz．

図1.10に，上面より見たピン配置図，表1.1にポートの概要を示す．

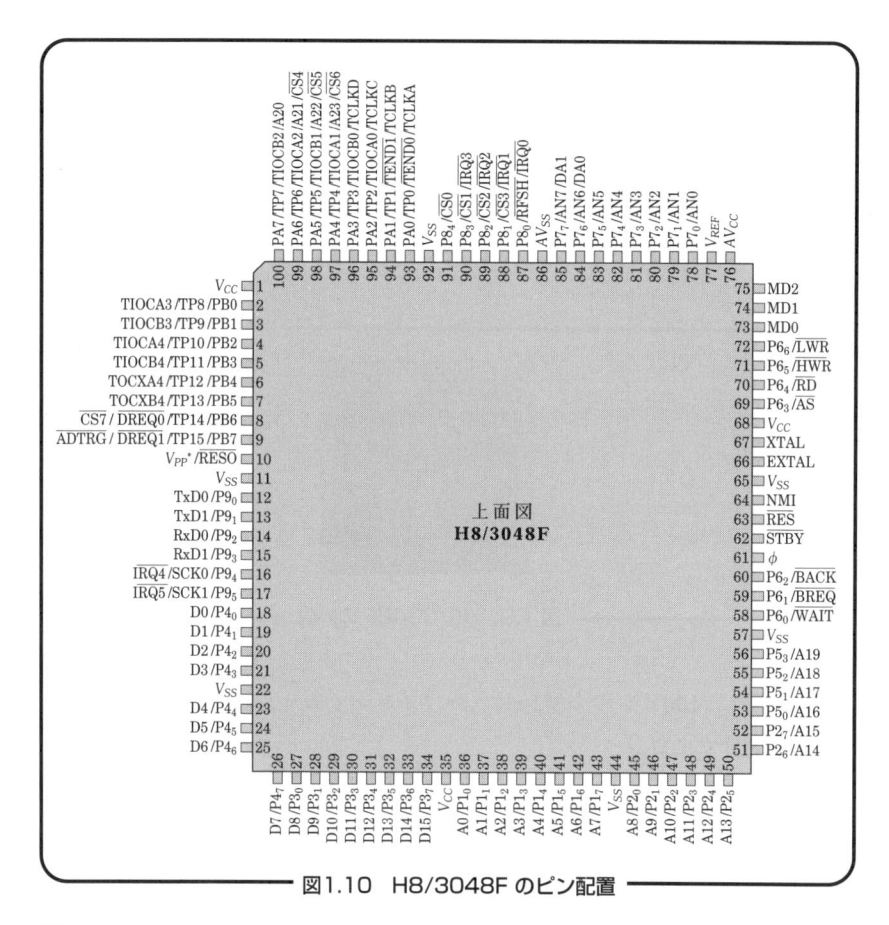

図1.10　H8/3048F のピン配置

● 1.2 H8/300Hシリーズ ●

表1.1 H8/3048Fのポート

ポート	概要	端子	モード7
ポート1	・8ビットの入出力ポート ・LED駆動可能	$P1_7 \sim P1_0$	入出力ポート
ポート2	・8ビットの入出力ポート ・入力プルアップMOS内蔵 ・LED駆動可能	$P2_7 \sim P2_0$	入出力ポート
ポート3	・8ビットの入出力ポート	$P3_7 \sim P3_0$	入出力ポート
ポート4	・8ビットの入出力ポート ・入力プルアップMOS内蔵	$P4_7 \sim P4_0$	入出力ポート
ポート5	・4ビットの入出力ポート ・入力プルアップMOS内蔵 ・LED駆動可能	$P5_7 \sim P5_0$	入出力ポート
ポート6	・7ビットの入出力ポート	$P6_6 \sim P6_0$	入出力ポート
ポート7	・8ビットの入出力ポート ・$P7_7 \sim P7_0$は入力専用	$P7_7/AN_7/DA_1$ $P7_6/AN_6/DA_0$	A・D変換器のアナログ入力端子(AN_7, AN_6)およびD-A変換器のアナログ出力端子(DA_1, DA_0)と入力ポートの兼用
		$P7_5 \sim P7_0/AN_5 \sim AN_0$	A・D変換器のアナログ入力端子($AN_5 \sim AN_0$)と入力ポートの兼用
ポート8	・5ビットの入出力ポート ・$P8_2 \sim P8_0$はシュミット入力	$P8_4$	入出力ポート
		$P8_3/IRQ_3$ $P8_2/IRQ_2$ $P8_1/IRQ_1$ $P8_0/IRQ_0$	$IRQ_3 \sim IRQ_0$入力端子と入力ポートの兼用
ポート9	・6ビットの入出力ポート	$P9_5/SCK_1/IRQ_5$ $P9_4/SCK_0/IRQ_4$ $P9_3/RxD_1$ $P9_2/RxD_0$ $P9_1/TxD_1$ $P9_0/TxD_0$	シリアルコミュニケーションインタフェースチャンネル0, 1(SC10, 1)の入力端子(SCK_1, SCK_0, RxD_1, RxD_0, TxD_1, TxD_0)およびIRQ_5, IRQ_4入力端子と6ビットの入出力ポートの併用
ポートA	・8ビットの入出力ポート ・シュミット入力	$PA_7/TP_7/TIOCB_2$	TPC出力端子(TP_7), ITUの入出力端子($TIOCB_2$)と入出力ポートの兼用
		$PA_6/TP_6/TIOCA_2$ $PA_5/TP_5/TIOCB_1$ $PA_4/TP_4/TIOCA_1$	TPC出力端子($TP_6 \sim TP_4$), ITUの入出力端子($TIOCA_2$, $TIOCB_1$, $TIOCA_1$)と入出力ポートの兼用
		$PA_3/TP_3/TIOCB_0/TCLKD$ $PA_2/TP_2/TIOCA_0/TCLKC$ $PA_1/TP_1/TEND_1/TCLKB$ $PA_0/TP_0/TEND_0/TCLKA$	TPC出力端子($TP_3 \sim TP_0$), DMAコントローラ(DMAC)の出力端子($TEND_1$, $TEND_0$), ITUの入出力端子($TCLKD$, $TCLKC$, $TCLKB$, $TCLKA$, $TIOCB_0$, $TIOCA_0$)と入出力ポートの兼用
ポートB	・8ビットの入出力ポート ・LED駆動可能 ・$PB_3 \sim PB_0$はシュミット入力	$PB_7/TP_{15}/DREQ_1/ADTRG$	TPC出力端子(TP_{15}), DMACの入力端子($DREQ_1$), A・D変換器の外部トリガ入力端子($ADTRG$)と入力ポートの兼用
		$PB_6/TP_{14}/DREQ_0$	TPC出力端子(TP_{14}), DMACの入力端子($DREQ_0$)と入力ポートの兼用
		$PB_5/TP_{13}/TOCXB_4$ $PB_4/TP_{12}/TOCXA_4$ $PB_3/TP_{11}/TOCB_1$ $PB_2/TP_{10}/TIOCA_4$ $PB_1/TP_9/TIOCB_3$ $PB_0/TP_8/TIOCA_3$	TPC出力端子($TP_{13} \sim TP_8$), ITUの入出力端子($TOCXB_4$, $TOCXA_4$, $TIOCB_4$, $TIOCA_4$, $TIOCB_3$, $TIOCA_3$)と8ビット入出力ポートの兼用

◀ 問1.4 ▶

マイクロコントローラとは，どのようなものか答えよ．

● 2. H8/3048Fの基本構成

(1) 基本構成

H8/3048Fの基本構成を図1.11に示す．

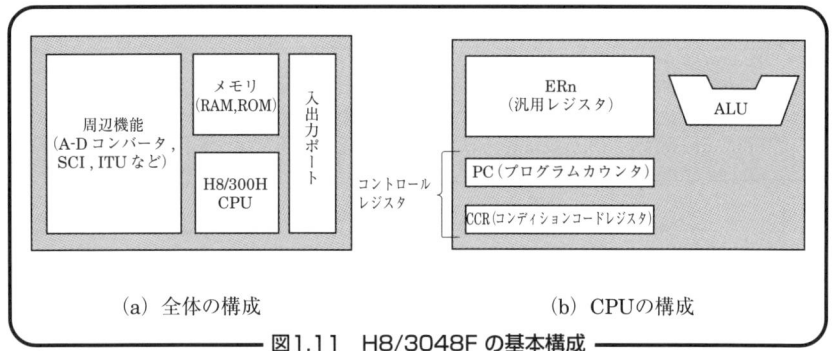

```
┌─────────────────────────────────────────────────┐
│  ┌────────┐ ┌────────┐ ┌──┐    ┌──────────┐ ┌──┐ │
│  │周辺機能 │ │ メモリ  │ │入│    │   ERn    │ │ALU││
│  │(A-D    │ │(RAM,ROM)│ │出│    │(汎用レジスタ)│ └──┘│
│  │コンバータ,│ └────────┘ │力│    └──────────┘      │
│  │SCI,ITU │ ┌────────┐ │ポ│ コントロール┌──────────┐  │
│  │など)   │ │H8/300H │ │ート│ レジスタ  │PC(プログラムカウンタ)│  │
│  └────────┘ │ CPU    │ └──┘        └──────────┘  │
│             └────────┘             ┌──────────┐  │
│                                    │CCR(コンディションコードレジスタ)│
│                                    └──────────┘  │
│       (a) 全体の構成                (b) CPUの構成  │
└─────────────────────────────────────────────────┘
```

図1.11　H8/3048F の基本構成

(2) データ構造

H8/3048Fが汎用レジスタで一度に扱うことのできるデータは，最大32ビットであり，内部データバス8＋8ビットを経由して各装置間を伝わる．

(3) 命令の形式

命令は，図1.12に示すようにオペレーションフィールド(OP)，レジスタフィールド（R），**EA拡張部**，コンディションフィールド（cc）を組み合わせて構成されている．

OP：命令の機能を表す

R：汎用レジスタを指定する

EA拡張部：イミディエイトデータ，絶対アドレス，ディスプレースメントを
　　　　　指定する

cc：条件分岐命令の分岐条件を指定する

● 問1.4の解答

（解答例）制御向けにつくられた周辺回路を内蔵するマイコン

1.2 H8/300Hシリーズ

① OPのみ　　　　　　　　　　　　　　（例）

OP

NOP

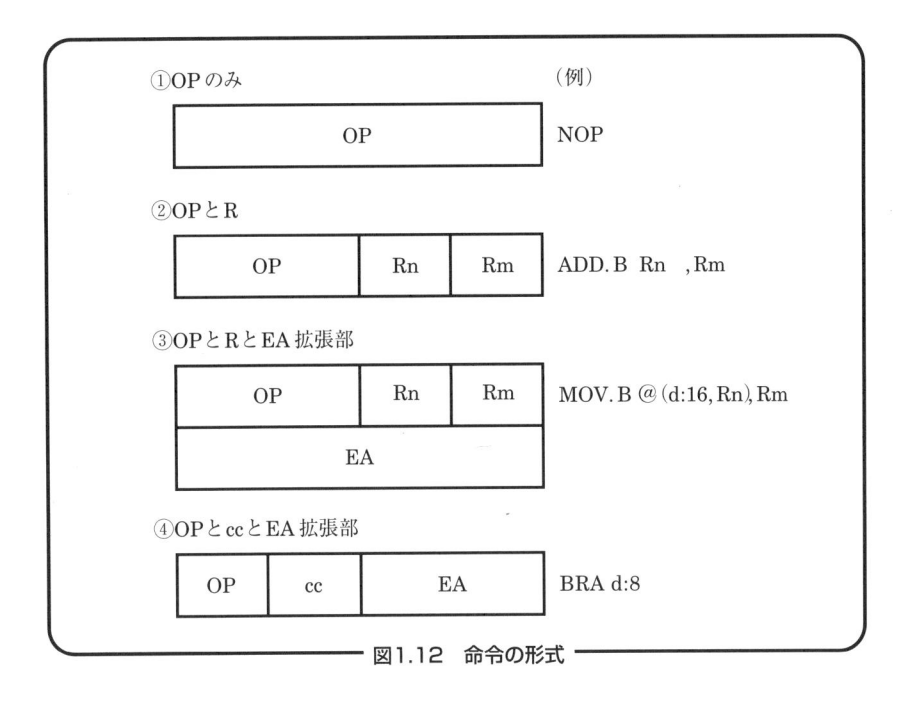

② OPとR

OP	Rn	Rm

ADD.B Rn, Rm

③ OPとRとEA拡張部

OP	Rn	Rm
EA		

MOV.B @(d:16, Rn), Rm

④ OPとccとEA拡張部

OP	cc	EA

BRA d:8

図1.12　命令の形式

　また，命令によっては，同じ命令でも扱うデータのサイズによってさらに最大3種類に分けられる．例えば，データ転送命令MOVには，「MOV.B」「MOV.W」「MOV.L」の3種類がある．ここで，Bはバイト（8ビット），Wはワード（16ビット），Lはロングワード（32ビット）を表す．

●3. H8/3048Fの構成要素

(1) メモリ

　図1.13に，H8/3048Fの基本的なメモリマップを示す．プログラムを格納するプログラムメモリには，通常**フラッシュメモリ（ROM）**を使用する．フラッシュメモリは，電源を切ってもデータが消失しない不揮発性のメモリである．これは，プログラムライタを使用して何度もデータを書き換えることができるので，プログラムの変更が容易である．一方，RAMは，後で学ぶスタックエリアなどに使用する揮発性のメモリである．図1.14にROMの構成を示すが，RAMもこれと同

●第1章　マイコンとH8/300Hシリーズ●

```
アドレス        8ビット
00000(16)  ┌─────────┐
           │         │
           │   ROM   │
           │         │
1FFFF(16)  ├─────────┤
           │         │
           │  未使用  │
           │         │
FEF10(16)  ├─────────┤
           │   RAM   │
FFF0F(16)  ├─────────┤
           │  未使用  │
FFF1C(16)  ├─────────┤
           │内部 I/Oレジスタ│
FFFFF(16)  └─────────┘
```

図1.13　H8/3048F のメモリマップ (モード7)

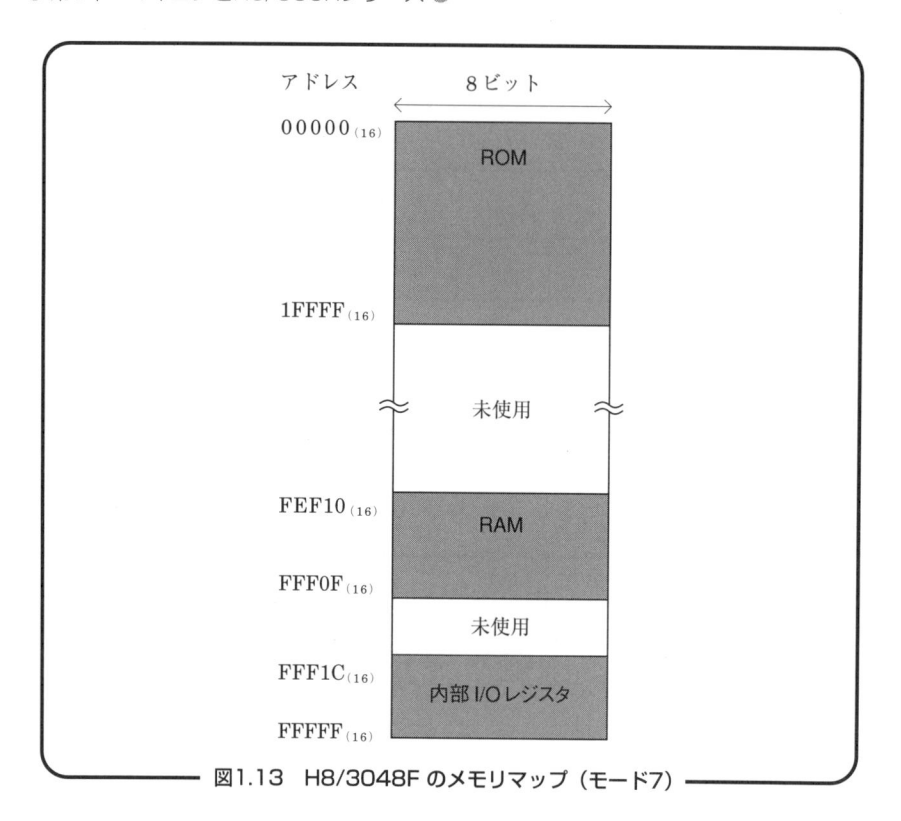

様である．

　リセット時は，プログラムカウンタが0番地（**リセットベクタ**）となり，0番地に格納されている命令より実行が開始される．

　H8/3048Fは，外部メモリを接続して使用することもできるが，本書では内蔵メモリのみを使用する**シングルチップアドバンストモード**（モード7）で動作させることとする．

◀ 問1.5 ▶

H8/3048Fは，リセット直後にプログラムメモリの何番地より実行を開始するか答えよ．

● 1.2 H8/300Hシリーズ ●

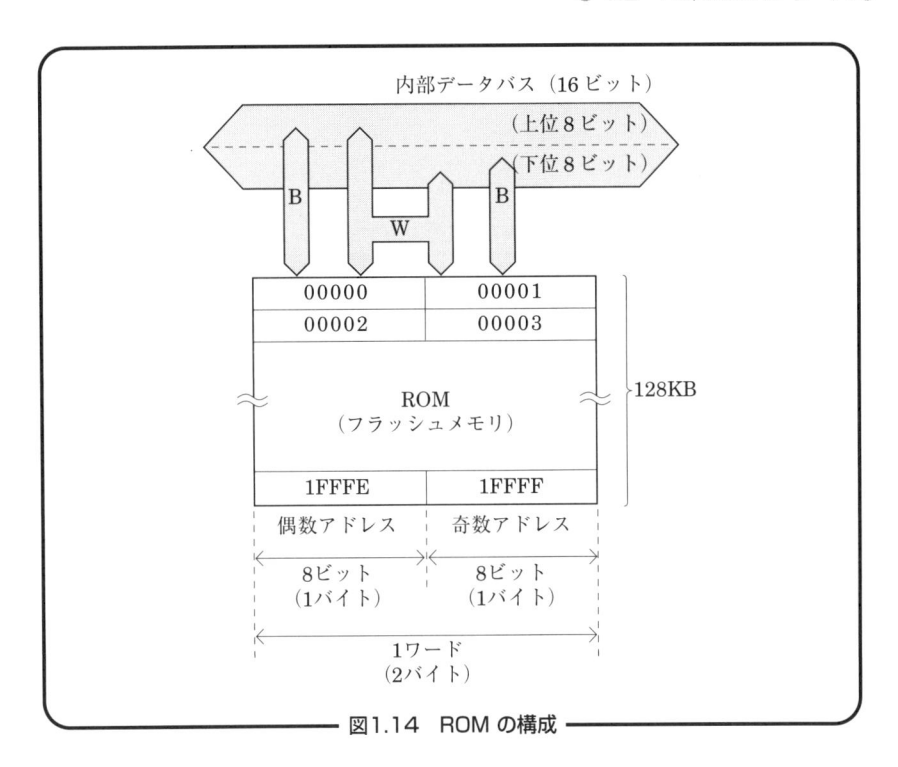

図1.14 ROMの構成

内部データバス（16ビット）
（上位8ビット）
（下位8ビット）

| 00000 | 00001 |
| 00002 | 00003 |

ROM
（フラッシュメモリ）
128KB

| 1FFFE | 1FFFF |

偶数アドレス　奇数アドレス
8ビット（1バイト）　8ビット（1バイト）
1ワード（2バイト）

(2) 内部I/Oレジスタ

FFF1C$_{(16)}$～FFFFF$_{(16)}$番地には，内蔵周辺機能の動作やポートの設定を行うための**内部I/Oレジスタ**が割り当てられている（図1.13）．この番地をアクセスすれば，あたかもメモリ内のデータを扱うかのように，周辺機能を操作することができる．このように，メモリマップに周辺機能を割り当てて使用する方式を，**メモリマップトI/O方式**という．

(3) 入出力ポート

入出力ポートの設定は，内部I/Oレジスタ中の**DDR**（データディレクションレジスタ）と**DR**（データレジスタ）を用いて行う．表1.2にポート関係の割り当てアドレスを示す．図1.15に示すように，DDRは，対応するポートのピンを入力用か出力用かに設定するためのものであり，0を書き込むと入力用，1を書

15

● 第1章　マイコンとH8/300Hシリーズ ●

き込むと出力用に設定される．ただし，ポート7は入力専用なので，P7DDRは存在しない．また，DRは，ポートへ入出力するデータを転送するためのレジスタである．

表1.2　DDRとDRの割当てアドレス

アドレス	レジスタ	ポート
FFFFC0(16)	P1DDR	ポート1
FFFFC1(16)	P2DDR	ポート2
FFFFC2(16)	P1DR	ポート1
FFFFC3(16)	P2DR	ポート2
FFFFC4(16)	P3DDR	ポート3
FFFFC5(16)	P4DDR	ポート4
FFFFC6(16)	P3DR	ポート3
FFFFC7(16)	P4DR	ポート4
FFFFC8(16)	P5DDR	ポート5
FFFFC9(16)	P6DDR	ポート6
FFFFCA(16)	P5DR	ポート5
FFFFCB(16)	P6DR	ポート6
FFFFCD(16)	P8DDR	ポート8
FFFFCE(16)	P7DR	ポート7
FFFFCF(16)	P8DR	ポート8
FFFFD0(16)	P9DDR	ポート9
FFFFD1(16)	PADDR	ポートA
FFFFD2(16)	P9DR	ポート9
FFFFD3(16)	PADR	ポートA
FFFFD4(16)	PBDDR	ポートB
FFFFD6(16)	PBDR	
FFFFD8(16)	P2PCR	ポート2プルアップ設定
FFFFDA(16)	P4PCR	ポート4プルアップ設定
FFFFDB(16)	P5PCR	ポート5プルアップ設定

注：アドレスが飛んでいるところへの割当てはない．

● 問1.5の解答

（解答例）リセットベクタである0番地より実行を開始する

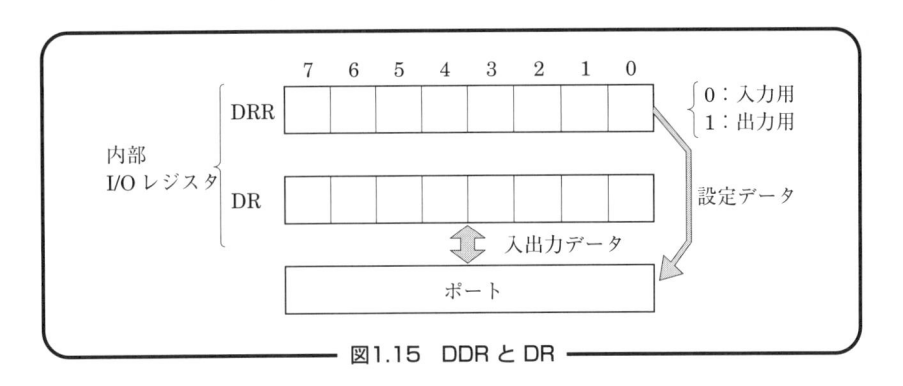

図1.15　DDR と DR

◀ 問1.6 ▶

ポートAを次のように設定する場合の方法を示せ．

ビット	7	6	5	4	3	2	1	0
状態	入力	入力	入力	入力	入力	入力	出力	出力

(4) スタック

　サブルーチン命令を使用して，副プログラムへ分岐した場合，復帰命令で分岐された時点へ戻らなければならない．すなわち，分岐時のプログラムメモリのアドレスを記憶しておく必要がある．この記憶場所を**スタック**というが，H8/3048FではRAMを使用する．使用領域は，プログラム中で指定するが，図1.16に示すように，**LIFO** (last in first out) の概念を使用して，プログラムアドレスの記憶を行う．

(5) ALU

　ALU (arithmetic and logic unit) は，**算術論理演算装置**とも呼ばれる演算を行う中核となる装置である．しかし，演算の対象となるデータや演算結果は，ERn（汎用レジスタ）に格納されるので，プログラムを作成する場合には，ALUよりもむしろERnの使用法が重要になる．

図 1.16　LIFO

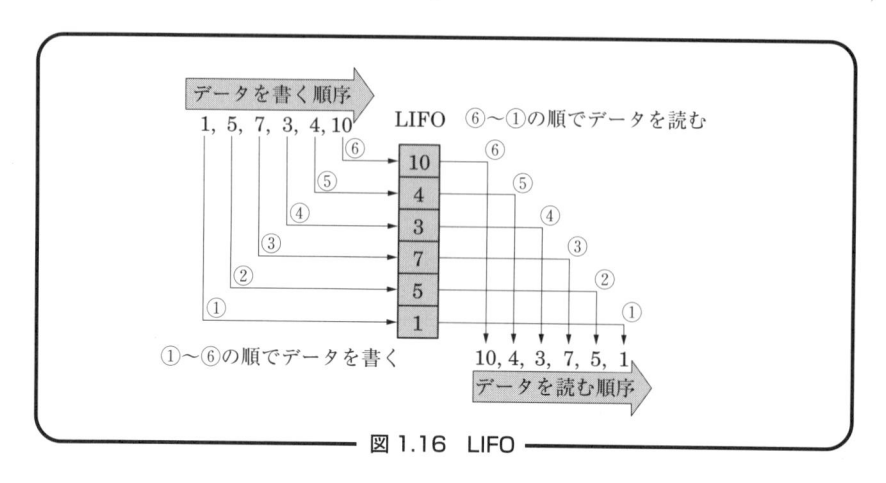

(6) 汎用レジスタ（ERn）

レジスタは，データを一時的に格納しておく装置で，格納できるデータのビット幅によって，16ビットのレジスタとか，8ビットのレジスタなどと呼ばれる（図1.17）．

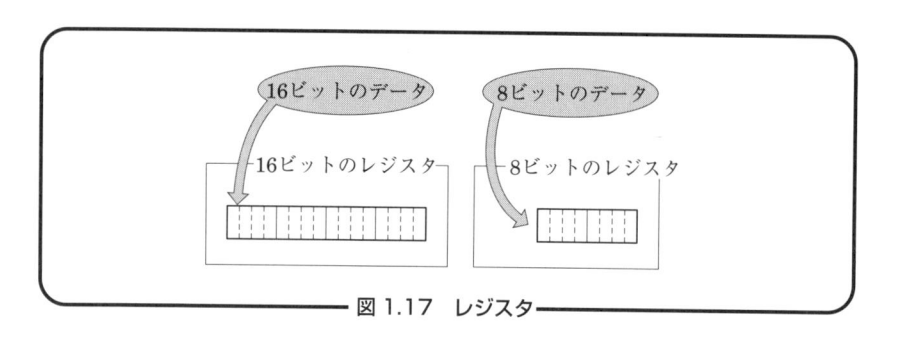

図 1.17　レジスタ

レジスタにデータを転送すると，古いデータは更新される．レジスタからデータを取り出すときは，レジスタに格納されているデータは保持される．

● 問1.6の解答

（解答例）PADDRレジスタに$00000011_{(2)}$を書き込む

1.2 H8/300Hシリーズ

　H8/3048Fは，図1.18に示すように，32ビットの**汎用レジスタ**を8本（ER0〜7）備えている．すべての汎用レジスタは同じ機能をもっており，同等に使用できるが，ER7はスタックを指し示す**SP（スタックポインタ）**として使用することができる．また，各汎用レジスタは分割することで，16ビットまたは8ビットレジスタとして使用することができる．

	32ビット		
	16ビット	16ビット	
		8ビット	8ビット
	15　　　　　0	7　　　0	7　　　0
ER0	E0	R0H	R0L
ER1	E1	R1H	R1L
ER2	E2	R2H	R2L
ER3	E3	R3H	R3L
ER4	E4	R4H	R4L
ER5	E5	R5H	R5L
ER6	E6	R6H	R6L
ER7	E7	R7H	R7L

SP（スタックポインタ）

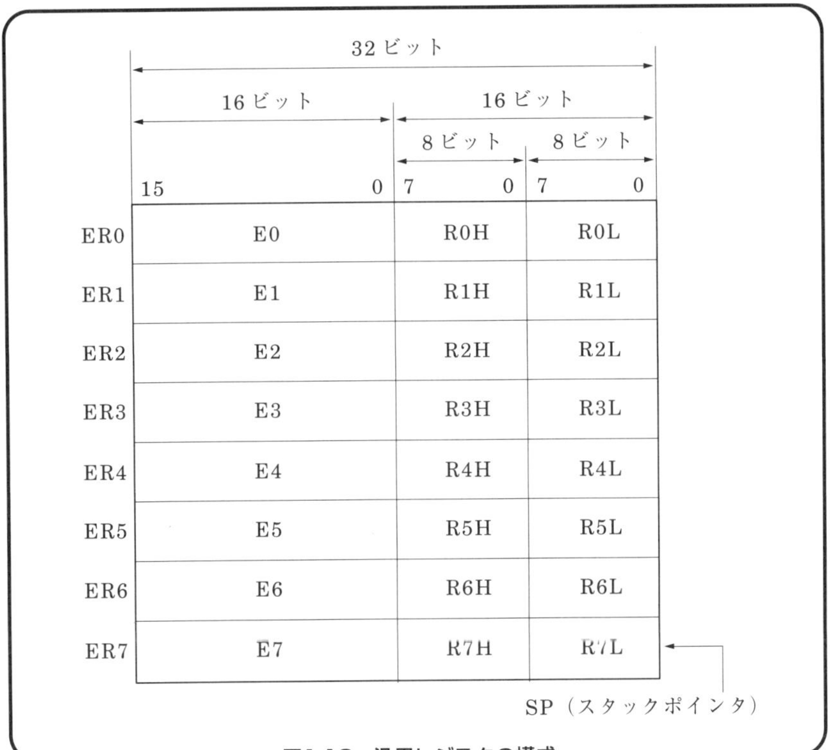

図1.18　汎用レジスタの構成

◀ 問1.7 ▶
　スタックとして使用できるRAMのアドレス範囲を示せ．

(7) プログラムカウンタ

プログラムカウンタ（**PC**）は，24ビットのレジスタで，メモリに対するアドレスを生成する．プログラムカウンタは，現在実行中のアドレスを示し，命令が1つ終了するたびに，自動的に増加される．すなわち，マイコンのプログラムは，プログラムカウンタが示すアドレスに従って実行されている．分岐命令やサブルーチン命令の場合は，指定されたアドレス値が強制的にプログラムカウンタにセットされ，実行の流れを変える．

(8) コンディションコードレジスタ

コンディションコードレジスタ（**CCR**）は，1ビットの**フラグレジスタ**が8個集まったレジスタである．各フラグレジスタは，演算結果の状態によって，セット（"1"）またはリセット（"0"）される．演算結果の状態を保持するので，条件により分岐する命令などに使用される．図1.19に，コンディションコードレジスタの構成を示す．

ビット7	6	5	4	3	2	1	0
I	UI	H	U	N	Z	V	C

図 1.19　コンディションコードレジスタの構成

① ビット7：割り込みマスクビット（I）
　　　　　"1"をセットすると割り込みを禁止する（**NMI**を除く）．
② ビット6：ユーザビット／割り込みマスクビット（UI）
　　　　　LDC命令などで読み書きできるので，ユーザが使用することができる．また，割り込み用に使用こともできる．
③ ビット5：ハーフキャリフラグ（H）
　　　　　ビット0のキャリフラグと同じ機能であるが，バイト命令やワード

● 問1.7の解答

（解答例）FEF10$_{(16)}$〜FFF0F$_{(16)}$

1.2 H8/300Hシリーズ

④ ビット4：**ユーザビット（U）**
　　LDC命令などで読み書きできるので，ユーザが使用できる．

⑤ ビット3：**ネガティブフラグ（N）**
　　データの最上位ビットを符号ビットとみなし，その値を格納する．

⑥ ビット2：**ゼロフラグ（Z）**
　　データがゼロのとき"1"，ゼロ以外のとき"0"となる．

⑦ ビット1：**オーバフローフラグ（V）**
　　算術演算命令を実行したときに，オーバフローがあれば"1"，なければ"0"となる．

⑧ ビット0：**キャリフラグ（C）**
　　符号なし演算の実行で，キャリ（最上位桁からの桁上がりや，最上位桁に借りの発生）があったとき"1"，ないときは"0"になる．

　I，H，N，Z，V，Cの各フラグは，実行する命令によって動作する場合としない場合があるので，フラグを使用する場合には命令表で確認することが必要である．

　プログラムカウンタとコンディションコードレジスタを合わせて，**コントロールレジスタ**ともいう．

●4. H8/3048Fの使用例

　H8/3048Fは，クロック回路やパソコンとの通信機能などを内蔵しているため，わずかな外付け部品で動作させることができる．しかし，ピン数の多いマイコンであるために，市販のボードを使用すると便利である．図1.20に市販ボードの外観例を示す．このボードには，**16MHz**の水晶振動子，リセット回路，通信インタフェース，電源回路などが搭載されている．

　また，図**1.21**にポート1のすべてのピンを出力用，ポート2のすべてのピンを入力用とした回路例を示す．

　ポート1に接続したLEDは，ポートからの出力データが"0"のときに発光する．

● 第1章　マイコンとH8/300Hシリーズ ●

図1.20　市販ボード（秋月電子通商）の外観例

ポート2に接続したスイッチは，ONで"0"，OFFで"1"がポートに入力される．

　ただし，OFF（オープン）の場合には，入力データが不安定にならないように，ポート2に備わっている**プルアップ機能**を使用する．プルアップ機能は，内部I/OレジスタP2PCRを"1"にセットしたビットにおいて有効となる（表1.2参照）．

　H8/3048Fの$\overline{\text{RES}}$端子（63番ピン）に，"0"を入力すると，マイコンはリセット状態となる．リセット後，マイコンはメモリの0～3番地（計24ビット）を読み込んで，その数値が示すアドレスから実行を始める．したがって，0～3番地には，はじめに実行したいプログラムの先頭アドレスを記述しておく必要がある．

　マイコンに電源を投入した場合にも，リセットがかかる．このとき，確実なリセットを行うために，電源投入後の最低20mSは$\overline{\text{RES}}$端子を"0"レベルにしておかなければならない．このために使用するリセット専用ICが市販されている．

● 1.3 プログラム開発 ●

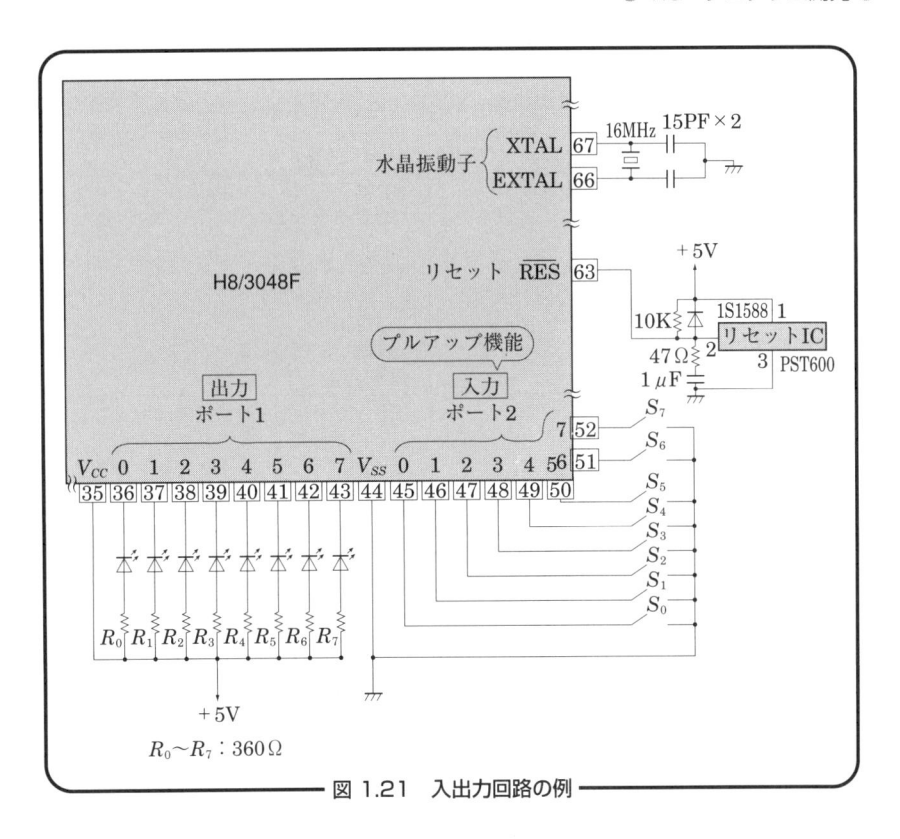

図 1.21 入出力回路の例

1.3 プログラム開発

●1. 準　備
表1.3にH8/3048Fのプログラム開発に必要な装置とその構成例を示す．

●2. 開発手順
図1.22に，プログラムの開発手順を示す．

表1.3 H8/3048Fのプログラム開発装置

名　称	使用目的	入手方法	備　考
Windowsパソコン	・開発ソフトの実行 ・プログラムライタの制御	・パソコンショップ等	・能力は低くても可
開発ソフト	・プログラム作成 ・アセンブル ・デバッグ	・HEW （ルネサステクノロジ） ・YCシリーズ （イエローソフト） ・安価版（秋月電子通商）	・第6章参照
プログラムライタ	・マイコンのフラッシュメモリにプログラムを書き込む	・H8マザーボード（秋月電子通商）	・通信機能はマイコンに内蔵されているので，簡単なインタフェースを用意する，自作可 ・第6章参照
ターゲットデバイス	・H8/3048Fなどのこと ・実験，制御用	・電子パーツ店	・インターネットでの検索 ・通信販売での入手も可
基板，電子部品	・実験，制御用		

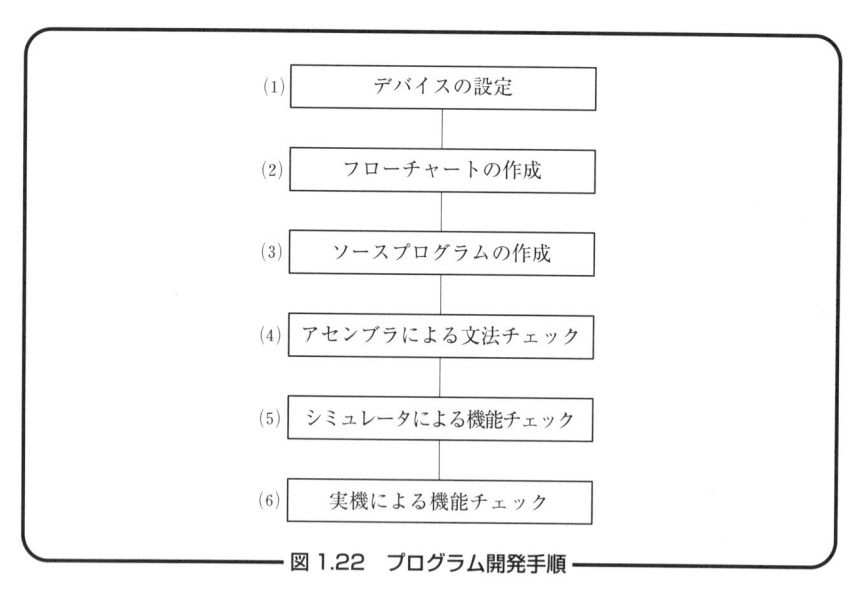

(1) デバイスの設定

(2) フローチャートの作成

(3) ソースプログラムの作成

(4) アセンブラによる文法チェック

(5) シミュレータによる機能チェック

(6) 実機による機能チェック

図1.22　プログラム開発手順

1.3 プログラム開発

(1) デバイスの設定

プログラムを作成するにあたって，デバイス（H8/3048F）のモードや機能の設定を考慮する必要がある．例えば，入出力処理を行う場合は，ポートの入出力設定を決定する必要があり，処理に時間的配慮が必要な場合は，動作クロック周波数を決定する必要がある．

(2) フローチャートの作成

まず，全体的な処理の流れが把握できるような**フローチャート**を作成する．規模に応じて，階層化や処理の分割を行う．次に，アセンブラ命令を意識し，詳細を示すフローチャートを作成する．

(3) ソースプログラムの作成

作成した詳細なフローチャートをアセンブラ言語で表現し，パソコンのテキストエディタ（メモ帳やワードパッド）などを使用して，ファイルとして保存する．作成したプログラムを**ソースプログラム**，保存したファイルを**ソースファイル**と呼ぶ．

(4) アセンブラによる文法チェック

ソースプログラムの文法チェックを**アセンブラ**によって行う．エラーがなくなるまで，ソースプログラムの修正とアセンブルを繰り返す．あくまでもアセンブラ言語の文法ミスを取り除くだけなので，エラーがなくなったからといって，作成者の思惑どおり動作する保証はない．

(5) シミュレータによる機能チェック

機械語に変換されたプログラムが正常に機能することを調べる．**シミュレータ**を使用し，デバイスの動作をパソコン上でシミュレーションする．実機（製品）を使用せずにチェックできるので効率的である．

(6) 実機による機能チェック

実際の試作品などを使用して，周辺回路，電源ノイズ，信号ノイズの影響など，シミュレーションでチェックできない部分のチェックを行う．

演習問題

1.1 8MHzの動作クロックを使用するマイコンのサイクルタイムはいくらか答えよ．

1.2 1分間に60 000 000回の命令を実行するマイコンの処理能力は何MIPSか答えよ．

1.3 RISC型の特徴を，CISC型と比較して述べよ．

1.4 H8/3048Fにおいて，汎用レジスタの構成を述べよ

1.5 不揮発性のメモリとはどのようなものか答えよ．

1.6 $50_{(16)} - 50_{(16)}$の減算の結果，C(キャリー)フラグとZ(ゼロ)フラグの値はどうなるか答えよ．

1.7 スタックに6，5，8，7，3の順にデータを書き込んだのち，4回読み出した．どのような順でデータが読み出されるか答えよ．

1.8 ポートBを以下のように設定する場合の方法を示せ．

ビット	7	6	5	4	3	2	1	0
状態	入力	入力	入力	入力	出力	出力	出力	出力

1.9 図1.21の入出力回路例において，プログラム実行中のリセット入力端子$\overline{\text{RES}}$の状態はどのようにすべきか答えよ．

第2章

マイコンでのデータの扱い

学習のポイント　マイコンでは，データは2進数として記憶，演算がなされる．この章では，H8マイコンおよびアセンブラ言語の学習に必要なデータの取り扱いについて学ぶ．

2.1　2進数と16進数

● 1. 10進数，2進数，16進数

コンピュータでは，データはすべて**2進数**の形で記憶，演算が行われている．アセンブラ言語の命令は，機械語と1対1に対応しているので，データを操作する命令では，2進数を意識して使うことになる．また，プログラム上では，2進数のままでは桁数が多くなるため，**16進数**で表すことが多い．

表2.1に，10進数，2進数，16進数における表記を示す．10進数は0〜9の10種

表2.1　10進数，2進数，16進数での表記

	使用できる数の種類	
10進数	0, 1, 2, 3, 4, 5, 6, 7, 8, 9	(10個)
2進数	0, 1	(2個)
16進数	0, 1, 2, 3, 4, 5, 6, 7, 8, 9, A, B, C, D, E, F	(16個)

● 第2章 マイコンでのデータの扱い ●

類の数字, 2進数は0, 1の2種類の数字, 16進数は0～9とA～Fまでの英数字を使って表す.

表2.2 10進数, 2進数, 16進数の比較

10進数	2進数	16進数
0	0000 0000	0 0
1	0000 0001	0 1
2	0000 0010	0 2
3	0000 0011	0 3
4	0000 0100	0 4
5	0000 0101	0 5
6	0000 0110	0 6
7	0000 0111	0 7
8	0000 1000	0 8
9	0000 1001	0 9
10	0000 1010	0 A
11	0000 1011	0 B
12	0000 1100	0 C
13	0000 1101	0 D
14	0000 1110	0 E
15	0000 1111	0 F
16	0001 0000	1 0
17	0001 0001	1 1
18	0001 0010	1 2
19	0001 0011	1 3
20	0001 0100	1 4

10進数の0～20を, 2進数と16進数で表し, 表2.2に示す. 図2.1に示すように10進数は, 下の位から10^0, 10^1, 10^2, 10^3, …を表す. 例えば, 173は1×10^2と7×10^1と3×10^0の和である.

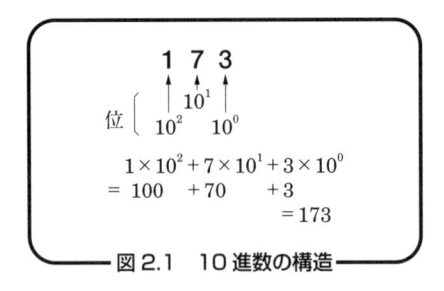

$$
\begin{array}{c}
\mathbf{1\ 7\ 3} \\
位\ \{10^2\ 10^1\ 10^0\} \\
1 \times 10^2 + 7 \times 10^1 + 3 \times 10^0 \\
= 100\ \ \ \ + 70\ \ \ \ + 3 \\
= 173
\end{array}
$$

図2.1 10進数の構造

2.1 2進数と16進数

2進数は下の位から 2^0, 2^1, 2^2, 2^3, ... を表す．例えば，2進数 $10101101_{(2)}$ は，1×2^7 と 1×2^5 と 1×2^3 と 1×2^2 と 1×2^0 の和である（図2.2）．本書における2進数の表記は，下の位から4桁ごとに区切り，末尾に $_{(2)}$ を付加することを原則とする．

```
         1 0 1 0 1 1 0 1 (2)        2進数を示す
位 ⎧ 2⁷   2⁵   2³   2¹              (Bと表記することもある)
   ⎩    2⁶   2⁴   2²   2⁰

         1×2⁷ +0×2⁶ +1×2⁵ +0×2⁴ +1×2³ +1×2² +0×2¹ +1×2⁰
       =  128        +32        +8    +4          +1
                                                    =173
```

図2.2　2進数の構造

問2.1

次の2進数を10進数に変換せよ．

(1) $1011\ 0011_{(2)}$

$=1\times2^{①\square}+0\times2^{②\square}+1\times2^{③\square}+1\times2^{④\square}+0\times2^{⑤\square}+0\times2^{⑥\square}+1\times2^{⑦\square}+1\times2^{⑧\square}$

$=^{⑨}\boxed{}+^{⑩}\boxed{}+^{⑪}\boxed{}+^{⑫}\boxed{}+^{⑬}\boxed{}+^{⑭}\boxed{}+^{⑮}\boxed{}+^{⑯}\boxed{}$

$=^{⑰}\boxed{}$

(2) $0100\ 0100\ 0101\ 0101_{(2)}$

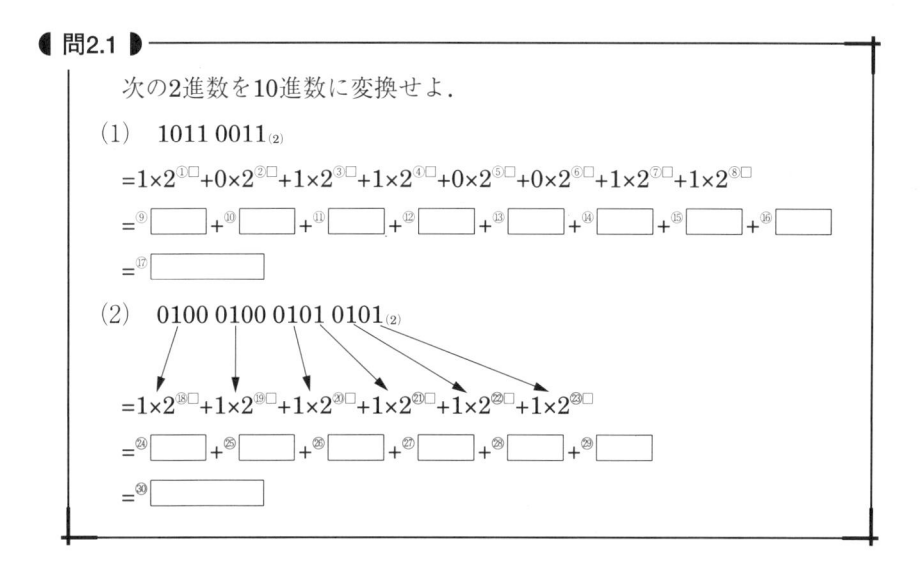

$=1\times2^{⑱\square}+1\times2^{⑲\square}+1\times2^{⑳\square}+1\times2^{㉑\square}+1\times2^{㉒\square}+1\times2^{㉓\square}$

$=^{㉔}\boxed{}+^{㉕}\boxed{}+^{㉖}\boxed{}+^{㉗}\boxed{}+^{㉘}\boxed{}+^{㉙}\boxed{}$

$=^{㉚}\boxed{}$

16進数は，下の位から 16^0, 16^1, 16^2, 16^3, … を表す．例えば，$AD_{(16)}$ は，$A\times16^1$ と $D\times16^0$ の和，すなわち $10\times16^1+13\times16^0$ である（図2.3）．本書における16進数の表記は，末尾に $_{(16)}$ を付加することを原則とする．

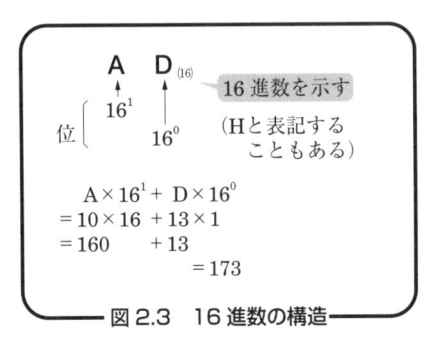

● 第2章 マイコンでのデータの扱い ●

```
     A   D (16)
     ↑   ↑
位 {  16¹  16⁰   ← 16進数を示す
              （Hと表記する
               こともある）

     A×16¹ + D×16⁰
    = 10×16 + 13×1
    = 160   + 13
                = 173
```
図2.3　16進数の構造

問2.2

次の16進数を10進数に変換せよ．

(1)　AD7F$_{(16)}$

= ①□ ×16$^{32□}$ + ③□ ×16$^{34□}$ + ⑤□ ×16$^{36□}$ + ⑦□ ×16$^{38□}$

= ㊴□

(2)　FEA73$_{(16)}$

= ㊵□ ×16$^{41□}$ + ㊷□ ×16$^{43□}$ + ㊹□ ×16$^{45□}$ + ㊻□ ×16$^{47□}$ + ㊽□ ×16$^{49□}$

= ㊿□

2. 10進数，2進数，16進数の変換

10進数を2進数に変換するには，図2.4に示すように，元の数を2で割り，商と

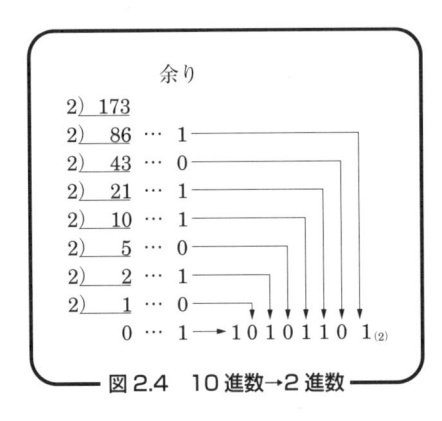

```
              余り
   2) 173
   2)  86 … 1
   2)  43 … 0
   2)  21 … 1
   2)  10 … 1
   2)   5 … 0
   2)   2 … 1
   2)   1 … 0
        0 … 1 → 1 0 1 0 1 1 0 1$_{(2)}$
```
図2.4　10進数→2進数

余りを求める．求めた商をさらに2で割り，商が0になるまで繰り返す．このようにして得られた余りを，得られたときの逆の順で書き並べる．

◀ 問2.3 ▶

次の10進数を2進数に変換せよ．
(1) $5_{(10)}=$ ①_____ $_{(2)}$
(2) $721_{(10)}=$ ②_____ $_{(2)}$
(3) $1365_{(10)}=$ ③_____ $_{(2)}$
(4) $17_{(10)}=$ ④_____ $_{(2)}$

10進数を16進数に変換する場合は，次々に商を16で割り，余りを求める（図2.5）．

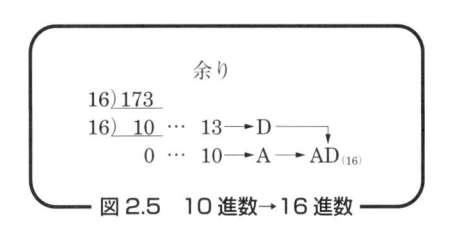

```
              余り
     16) 173
        16)  10 … 13 → D
             0 …  10 → A → AD(16)
```
図2.5　10進数→16進数

◀ 問2.4 ▶

次の10進数を16進数に変換せよ．
(1) $82_{(10)}=$ ⑤_____ $_{(16)}$　(2) $1250_{(10)}=$ ⑥_____ $_{(16)}$
(3) $65535_{(10)}=$ ⑦_____ $_{(16)}$　(4) $777_{(10)}=$ ⑧_____ $_{(16)}$

2進数を16進数に変換する場合は，いったん10進数に変換した後に16進数に変換することもできるが，図2.6のように直接変換することができる．まず，2進数

● 問2.1の解答

①7　②6　③5　④4　⑤3　⑥2　⑦1　⑧0　⑨128　⑩0　⑪32　⑫16　⑬0　⑭0　⑮2　⑯1　⑰179　⑱14　⑲10　⑳6　㉑4　㉒2　㉓0　㉔16384　㉕1024　㉖64　㉗16　㉘4　㉙1　㉚17493

● 第2章 マイコンでのデータの扱い ●

の下の位から4桁ずつに区切り，区切った4桁ごとに16進数に変換して書き並べる．

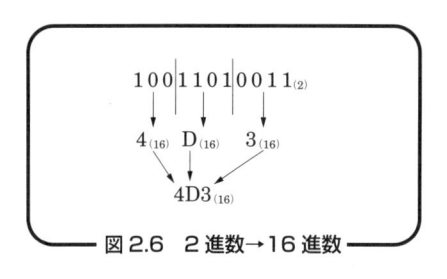

```
1 0 0 1 1 0 1 0 0 1 1 (2)
    4(16)  D(16)  3(16)
         4D3(16)
```
図2.6 2進数→16進数

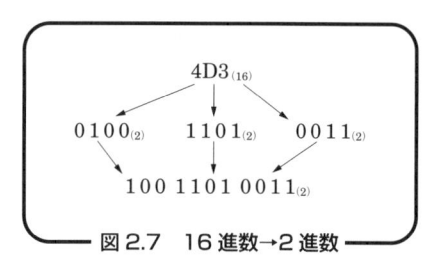

```
         4D3(16)
0 1 0 0 (2)  1 1 0 1 (2)  0 0 1 1 (2)
     1 0 0 1 1 0 1 0 0 1 1 (2)
```
図2.7 16進数→2進数

16進数を2進数に変換する場合は，図2.7に示すように，16進数の桁ごとに4桁の2進数に変換し，書き並べる．

◀ 問2.5 ▶

次の2進数を16進数に変換せよ．

(1) 101 1001$_{(2)}$=⑨ ☐ $_{(16)}$　　(2) 110 1011$_{(2)}$=⑩ ☐ $_{(16)}$
(3) 1 1010 1110 1101$_{(2)}$=⑪ ☐ $_{(16)}$

◀ 問2.6 ▶

次の16進数を2進数に変換せよ．

(1) AB9$_{(16)}$=⑫ ☐ $_{(2)}$
(2) FEA$_{(16)}$=⑬ ☐ $_{(2)}$

● 問2.2, 問2.3, 問2.4の解答

㉛10　㉜3　㉝13　㉞2　㉟7　㊱1　㊲15　㊳0　㊴44415　㊵15　㊶4　㊷14　㊸3

㊹10　㊺2　㊻7　㊼1　㊽3　㊾0　㊿1043059

①101　②10 1101 0001　③101 0101 0101　④1 0001

⑤52　⑥4E2　⑦FFFF　⑧309

2.2 2進数の計算

●1. 負の数の表現

負の数は**2の補数**を用いた**符号付き2進数**を用いて表現する．この場合は，あらかじめ2進数の桁数を4ビット，8ビット，16ビットなどに固定する必要がある．以下，−84を例とし，8ビットの2進数で表す場合の説明を行う．

まず，84を2進数で表した0101 0100$_{(2)}$の**1の補数**を求める．1の補数は，図2.8のように各ビット（桁）を反転させる（0を1に，1を0にする）．

求めた1の補数1010 1011$_{(2)}$に値1を加え，1010 1100$_{(2)}$とする（図2.9）．1の補数に1を加えたものを**2の補数**と呼ぶ．

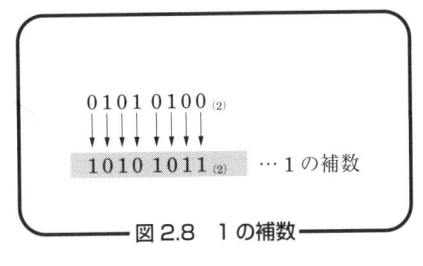

```
    0 1 0 1 0 1 0 0 (2)
    ↓ ↓ ↓ ↓ ↓ ↓ ↓ ↓
    1 0 1 0 1 0 1 1 (2)   …1の補数
```
── 図2.8　1の補数 ──

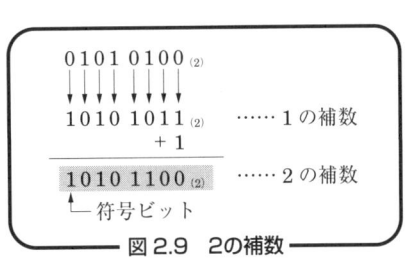

```
    0 1 0 1 0 1 0 0 (2)
    ↓ ↓ ↓ ↓ ↓ ↓ ↓ ↓
    1 0 1 0 1 0 1 1 (2)   ……1の補数
              + 1
    ─────────────────
    1 0 1 0 1 1 0 0 (2)   ……2の補数
    └ 符号ビット
```
── 図2.9　2の補数 ──

このようにして，−84は8ビットの2進数で1010 1100$_{(2)}$と表される．符号付き2進数の最上位ビットを**符号ビット**と呼び，"0"ならば正の数，"1"ならば負の数を示す．すなわち，1ビット分は符号ビットとして使われることになる．

例題2.1　−108を8ビットの符号付き2進数で表せ．

解　108は8ビットの2進数で0110 1100$_{(2)}$となる．2の補数として1001 0100$_{(2)}$を得る（図2.10）．

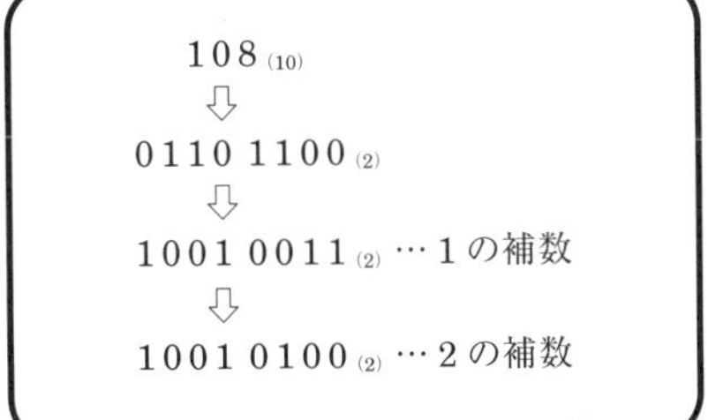

```
         108 (10)
           ⇩
      0110 1100 (2)
           ⇩
      1001 0011 (2)  …1の補数
           ⇩
      1001 0100 (2)  …2の補数
```
── 図2.10　−108を2進数で表す ──

● 第2章 マイコンでのデータの扱い ●

例題2.2 8ビットの符号付き2進数で表した1010 1101$_{(2)}$を10進数で表せ.

解 符号ビットが1なのでこの数は負である.負の2進数を10進数に変換する場合は,いったん2の補数を求めて正の2進数(絶対値)とし,10進数にする.1010 1101$_{(2)}$の2の補数は0101 0011$_{(2)}$であり,10進数83である.すなわち,−83が解となる(図2.11).

```
  1010 1101₍₂₎
  ↓↓↓↓ ↓↓↓↓
  0101 0010₍₂₎ … 1の補数
+)          1₍₂₎
  ─────────────
  0101 0011₍₂₎ … 2の補数
       ⇩
  64 + 16 + 2 + 1 = 83
  すなわち−83を表す.
```

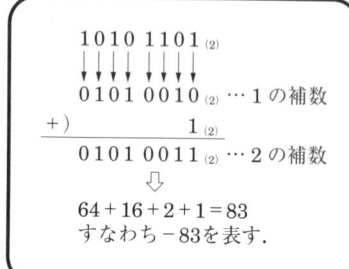

図2.11 負の2進数を10進数で表す

◀問2.7▶

次の10進数を,符号ビットを含んだ8桁の2進数で表せ.

(1) −15 = ① ☐☐☐☐☐☐☐☐ $_{(2)}$

(2) −62 = ② ☐☐☐☐☐☐☐☐ $_{(2)}$

◀問2.8▶

次の符号つきの2進数を,10進数で表せ.

(1) 1010 1110$_{(2)}$ = ③ ☐

(2) 1101 1101 1101 1110$_{(2)}$ = ④ ☐

●2. 2進数の加算,減算

2進数の加算は,図2.12に示すように,桁上りを考えながら行う.

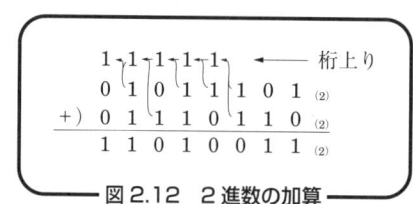

```
    1 1 1 1 1      ← 桁上り
    0 1 0 1 1 1 0 1 ₍₂₎
 +) 0 1 1 1 0 1 1 0 ₍₂₎
   ─────────────────
    1 1 0 1 0 0 1 1 ₍₂₎
```

図2.12 2進数の加算

2.2 2進数の計算

例題2.3 $0100\ 1110_{(2)}$ と $0100\ 0111_{(2)}$ の加算を行え．

解 図2.13に示す．

```
      1   1 1 1   ← 桁上り
     0 1 0 0  1 1 1 0 (2)
  +) 0 1 0 0  0 1 1 1 (2)
     1 0 0 1  0 1 0 1 (2)
```
── 図2.13 ──

ビット幅が決められている場合の2進数の加算において，最上位ビットを超える桁上りは無視される．

例題2.4 8ビットの2進数において，$1101\ 1101_{(2)}$ と $1011\ 1101_{(2)}$ の加算を行え．

解 図2.14参照．

```
無視される
 ①-1-1-1-1-1-1-1-
     1 1 0 1  1 1 0 1 (2)
  +) 1 0 1 1  1 1 0 1 (2)
   1 0 0 1 1  1 0 1 0 (2)
```
── 図2.14 ──

2進数の**減算**は，負の数を加算することにより行う．例えば，5−3の場合は $5+(-3)$ とする．

例題2.5 8ビットの2進数において，$0101\ 0111_{(2)}$ から $0011\ 1100_{(2)}$ を減算せよ．

解 まず，引く数 $0011\ 1100_{(2)}$ を2の補数を用いて負の数にすると，$1100\ 0100_{(2)}$ となる．この数を $0101\ 0111_{(2)}$ に加算し，減算結果 $0001\ 1011_{(2)}$ を得る（図2.15）．

```
     0 0 1 1  1 1 0 0 (2)
     1 1 0 0  0 0 1 1 (2)
  +)              1 (2)
     1 1 0 0  0 1 0 0 (2)
(a) 2の補数を用いて負の数とする

     0 1 0 1  0 1 1 1 (2)
  +) 1 1 0 0  0 1 0 0 (2)
無視する①0 0 0 1  1 0 1 1 (2)
(b) 負の数を加算し減算を行う
```
── 図2.15 ──

● 問2.5，問2.6の解答 ─────────

⑨ 59　⑩ 6B　⑪ 1AED

⑫ 1010 1011 1001　⑬ 1111 1110 1010

35

● 第2章　マイコンでのデータの扱い ●

問2.9

次の2進数の計算をせよ．
(1)　0010 0101$_{(2)}$ ＋ 0100 1101$_{(2)}$ ＝ ① □ $_{(2)}$
(2)　0101 1101$_{(2)}$ － 0011 1011$_{(2)}$ ＝ ② □ $_{(2)}$

2.3　論理演算

●1．算術値と論理値

　図2.16に8ビットデータの構成を示す．各ビットは，0から7までの**ビット番号**で呼ぶ．

　図2.17に示すように，8ビットのデータは0から255までを表すことができる．

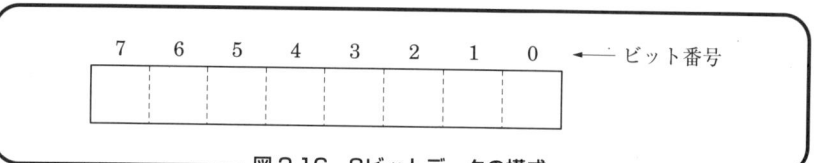

図2.16　8ビットデータの構成

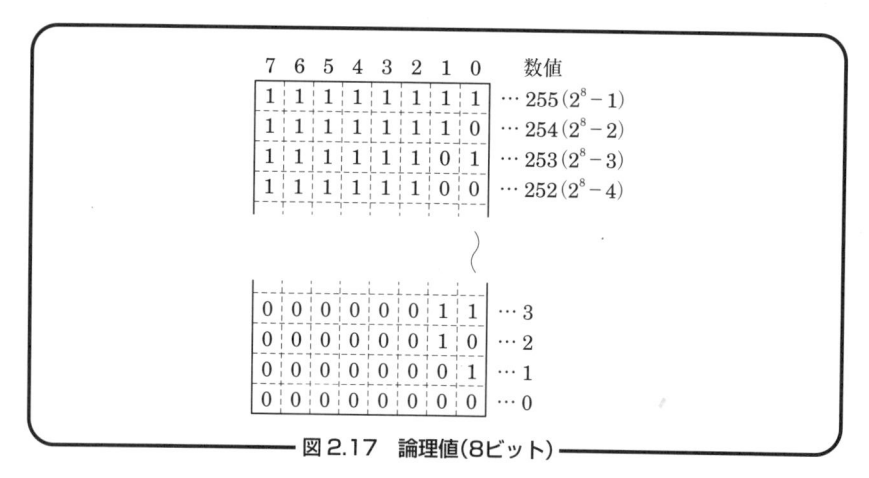

7	6	5	4	3	2	1	0	数値
1	1	1	1	1	1	1	1	… 255 (2^8-1)
1	1	1	1	1	1	1	0	… 254 (2^8-2)
1	1	1	1	1	1	0	1	… 253 (2^8-3)
1	1	1	1	1	1	0	0	… 252 (2^8-4)
0	0	0	0	0	0	1	1	… 3
0	0	0	0	0	0	1	0	… 2
0	0	0	0	0	0	0	1	… 1
0	0	0	0	0	0	0	0	… 0

図2.17　論理値(8ビット)

このような2進数の表し方を**論理値**と呼ぶ．これに対して，2の補数を用いて負の数も含めた数を表す場合は，7ビット目が符号ビットになる．よって，図2.18のように−128から127までを表すことができ，これを**算術値**と呼ぶ．

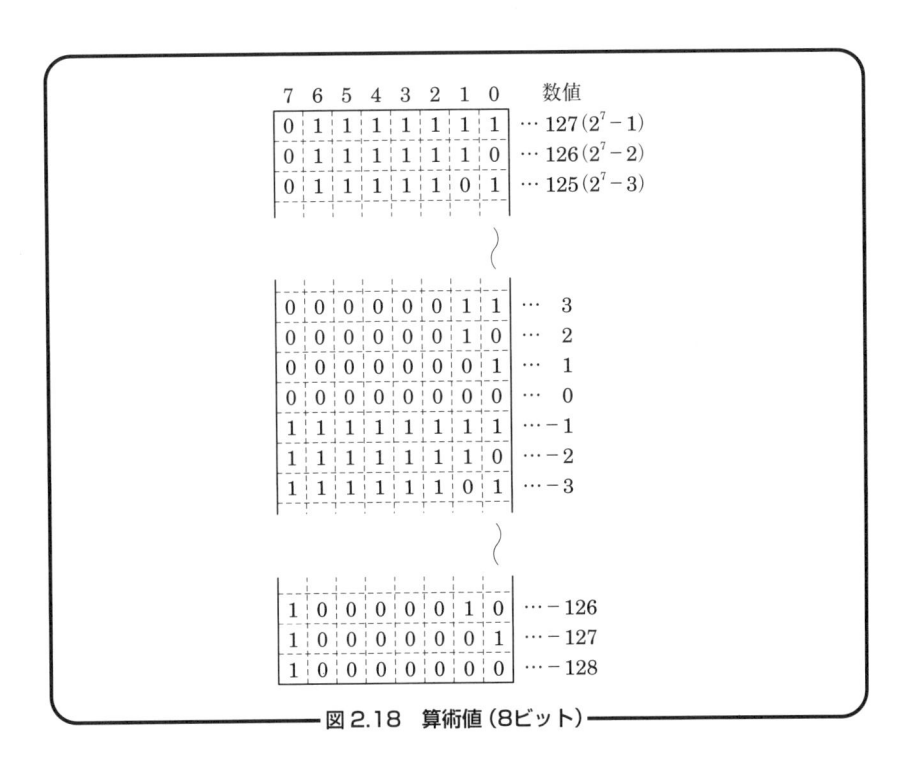

7	6	5	4	3	2	1	0	数値
0	1	1	1	1	1	1	1	… $127(2^7-1)$
0	1	1	1	1	1	1	0	… $126(2^7-2)$
0	1	1	1	1	1	0	1	… $125(2^7-3)$

0	0	0	0	0	0	1	1	… 3
0	0	0	0	0	0	1	0	… 2
0	0	0	0	0	0	0	1	… 1
0	0	0	0	0	0	0	0	… 0
1	1	1	1	1	1	1	1	… −1
1	1	1	1	1	1	1	0	… −2
1	1	1	1	1	1	0	1	… −3

1	0	0	0	0	0	1	0	… −126
1	0	0	0	0	0	0	1	… −127
1	0	0	0	0	0	0	0	… −128

図2.18 算術値（8ビット）

● 問2.7，問2.8の解答

①1111 0001 ②1100 0010

③−82 ④−8738

● 第2章　マイコンでのデータの扱い ●

◀問2.10▶

　次に示す計算は，8ビットで表すことのできる数の範囲を求めたものである．空欄に正しい数を入れよ．

(1)　論理値の場合は，すべてのビットを用いて正の数を表すので，①□ビットで表すことのできる正の2進数の範囲を求める．したがって，0000 0000₍₂₎〜②□₍₂₎までの数を表す．これを10進数に変換し，数値の範囲③□〜④□を得る．

(2)　算術値の場合は，⑤□ビット目が符号を表すので，実質は，⑥□ビットで数値を表すこととなる．正の数の場合は，0000 0000₍₂₎から⑦□₍₂₎まで，すなわち⑧□〜⑨□を表す．負の数の場合は，1111 1111₍₂₎〜⑩□₍₂₎までを表し，これらの数の2の補数を求めると⑪□₍₂₎〜1000 0000₍₂₎となる．したがって負の数の場合は⑫□〜⑬□の範囲を表す．

●2.　NOT，AND，OR，XOR

NOT(ノット)，**AND**(アンド)，**OR**(オア)，**XOR**(イクスクルーシブオア)は，図2.19に示す規則をもつ論理関数である．

● 問2.9の解答

①0111 0010　②0010 0010

2.3 論理演算

	NOT(ノット)		AND(アンド)			OR(オア)			XOR(イクスクルーシブオア)		
	A	NOT A	A	B	A AND B	A	B	A OR B	A	B	A XOR B
	0	1	0	0	0	0	0	0	0	0	0
	1	0	0	1	0	0	1	1	0	1	1
			1	0	0	1	0	1	1	0	1
			1	1	1	1	1	1	1	1	0
特 性											
演算結果が1になる場合	Aが0のとき		AとBの両方が1のときのみ，演算結果は1となる．			AかBのどちらかが1であれば，演算結果は1となる．			AとBが異なる場合は，演算結果が1となる．		
演算結果が0になる場合	Aが1のとき		AとBのどちらか0であれば，演算結果は0となる．			AとBの両方が0のときのみ，演算結果は0となる．			AとBが同じときは，演算結果が0となる．		

図2.19 NOT, AND, OR, XOR

例題2.6 4ビットの2進数A，Bにおいて，A＝0110，B＝1010のとき，NOT A，A AND B，A OR B，A XOR Bを求めよ．

解 図2.20に示すように，ビットごとに論理演算を行い，結果を求める．

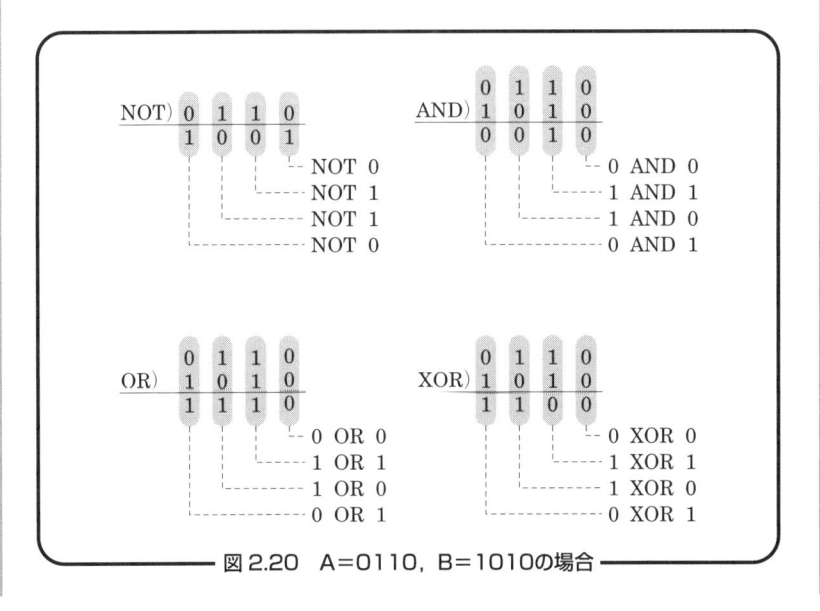

```
NOT) 0 1 1 0              AND) 0 1 1 0
     1 0 0 1                    1 0 1 0
                                0 0 1 0
         NOT 0                      0 AND 0
         NOT 1                      1 AND 1
         NOT 1                      1 AND 0
         NOT 0                      0 AND 1

OR)  0 1 1 0              XOR) 0 1 1 0
     1 0 1 0                    1 0 1 0
     1 1 1 0                    1 1 0 0
         0 OR 0                     0 XOR 0
         1 OR 1                     1 XOR 1
         1 OR 1                     1 XOR 0
         0 OR 1                     0 XOR 1
```

図2.20 A＝0110，B＝1010の場合

● 第2章 マイコンでのデータの扱い ●

　ANDは，特定のビットを0にすることができる．このことを「**0にマスクする**」という．ORは，特定のビットを1にすることができる．このことを「**1にマスクする**」という．XORは特定のビットを反転させることができる（図2.21）．

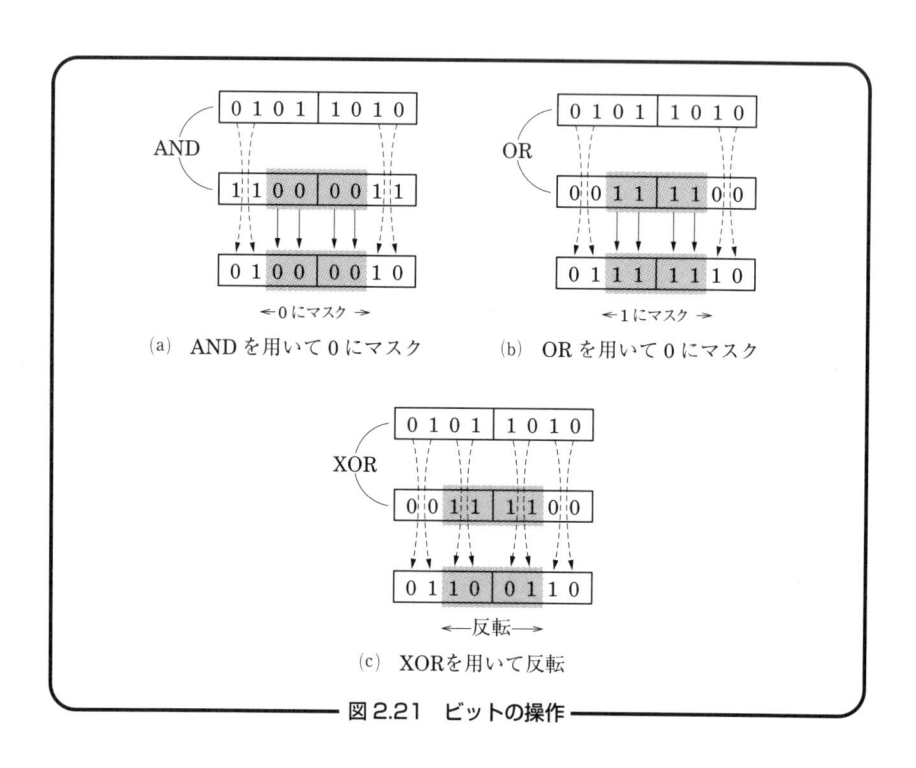

```
            0 1 0 1  1 0 1 0                         0 1 0 1  1 0 1 0
   AND                                     OR
            1 1 0 0  0 0 1 1                         0 0 1 1  1 1 0 0

            0 1 0 0  0 0 1 0                         0 1 1 1  1 1 1 0
            ←0にマスク→                              ←1にマスク→
   (a) ANDを用いて0にマスク                  (b) ORを用いて0にマスク

                        0 1 0 1  1 0 1 0
              XOR
                        0 0 1 1  1 1 0 0

                        0 1 1 0  0 1 1 0
                          ←─反転─→
                   (c) XORを用いて反転
```

図2.21　ビットの操作

●3. シフト・ローティト演算

　シフト(移動)・ローティト(回転)**演算**によって，各ビットのデータを隣りのビットへ移動させることができる．シフトする方向によって，**左シフト**と**右シフト**に分類される．

● 問2.10の解答

①8　②1111 1111　③0　④255　⑤7　⑥7　⑦0111 1111　⑧0　⑨127
⑩1000 0000　⑪0000 0001　⑫−1　⑬−128

2.3 論理演算

図2.22にシフト演算とローテイト演算を示す．シフト演算では，シフトしたためにビットの外にあふれたデータは捨てられる．シフトしたために空になったビットには，0が入る．ローテイト演算では，あふれたデータは，空になったビットに入る．

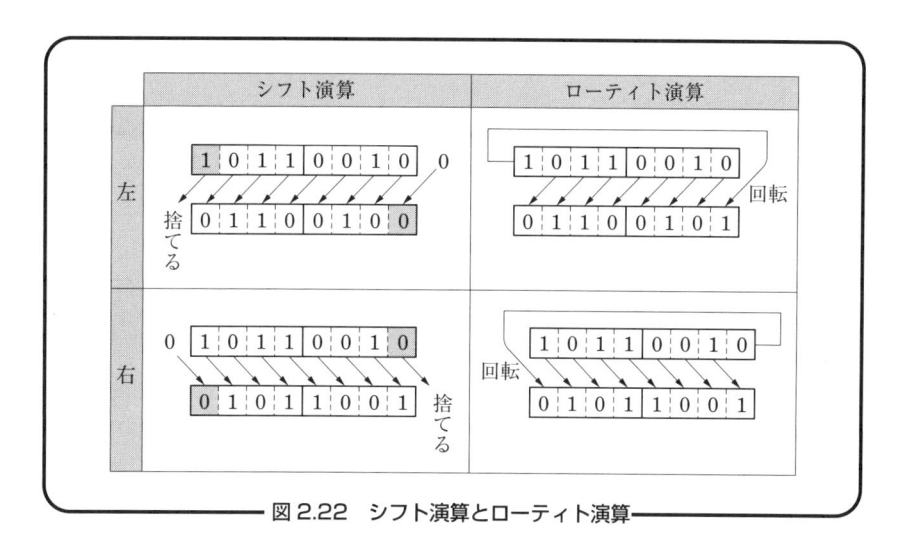

図 2.22 シフト演算とローテイト演算

◀問2.11▶

A=1010 1101₍₂₎，B=1011 0101₍₂₎のとき，次の論理演算をせよ．

(1) NOT A=① 0101 0010

(2) A AND B=② 1010 0101

(3) A OR B=③ 1011 1101

(4) A XOR B=④ 0001 1000

(5) (A AND B) XOR B=⑤ 0001 0000

● 第2章 マイコンでのデータの扱い ●

例題2.7 8ビットのデータ 1010 0010$_{(2)}$ に対して，次に示す演算を行え．

(a) 左に3ビットのシフト演算
(b) 右に3ビットのシフト演算
(c) 左に3ビットのローティト演算
(d) 右に3ビットのローティト演算

解 図2.23参照．

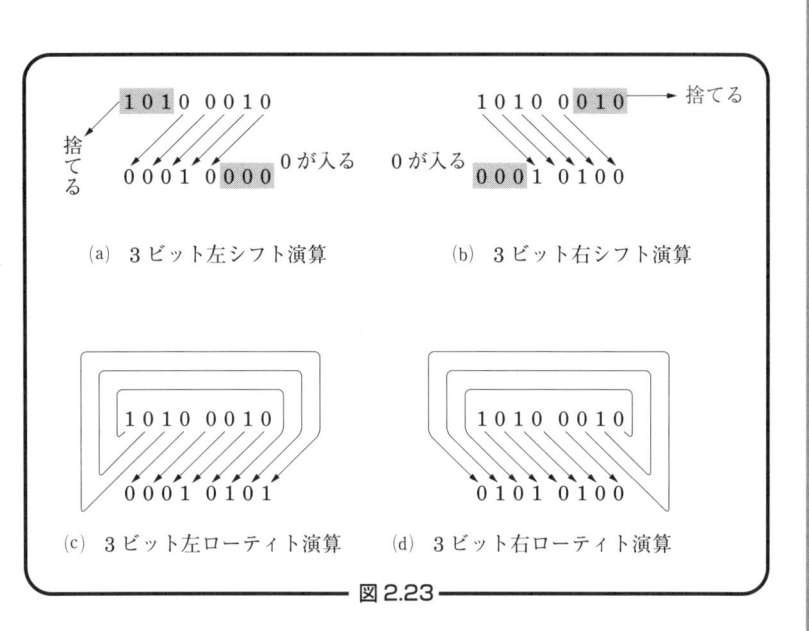

```
      1 0 1 0 0 0 1 0                    1 0 1 0 0 0 1 0  → 捨てる
捨てる ↙↙↙↙                                 ↘↘↘↘
      0 0 0 1 0 0 0 0  0が入る     0が入る   0 0 0 1 0 1 0 0

   (a) 3ビット左シフト演算                (b) 3ビット右シフト演算


      1 0 1 0 0 0 1 0                      1 0 1 0 0 0 1 0

      0 0 0 1 0 1 0 1                      0 1 0 1 0 1 0 0

   (c) 3ビット左ローティト演算           (d) 3ビット右ローティト演算
```

図2.23

● 問2.11の解答

① 0101 0010　② 1010 0101　③ 1011 1101　④ 0001 1000　⑤ 0001 0000

42

◀問2.12▶

　シフト演算における数値の変化を次のように調べた．空欄に適切な数値を入れよ．

　39を8ビットの2進数に変換すると，① □ となり，これを左に1ビットのシフトを行うと ② □ ，右に1ビットのシフトを行うと ③ □ となる．これらを10進数に直すと，④ □ と ⑤ □ が得られる．このことより，左に1ビットのシフトを行うと値は ⑥ □ 倍となり，右に1ビットのシフトを行うと値は ⑦ □ 分の1になることがわかる（端数切り捨て）．

● 第2章 マイコンでのデータの扱い ●

演習問題

2.1 2進数，10進数，16進数の変換を行い，次の表を完成させよ．

2進数（符号付き8ビット）	10進数	16進数
0010 0001	①	②
1011 0110	③	④
⑤	107	⑥
⑦	−70	⑧
⑨	⑩	7E
⑪	⑫	D2

2.2 A=0100 1011$_{(2)}$，B=0110 1101$_{(2)}$のとき，次の演算を行え（2進数は符号付き8ビットとする）．

A＋B＝⑬ □   A AND B＝⑯ □
A−B＝⑭ □   A OR B＝⑰ □
NOT A＝⑮ □   A XOR B＝⑱ □

2.3 次の空欄をうめ，説明を完成させよ．

(1) 16に対して左の2ビットのシフトを行うと，⑲ □ 倍となり，値は⑳ □ となる．また右に3ビットのシフトを行うと，㉑ □ 分の1となり，値は㉒ □ となる．

(2) 0001 0000$_{(2)}$に対して左に6ビットのローティトを行うと，㉓ □ $_{(2)}$となり，右に6ビットのローティトを行うと，㉔ □ $_{(2)}$となる．

● 問2.12の解答

①0010 0111 ②0100 1110 ③0001 0011 ④78 ⑤19 ⑥2 ⑦2

第3章

アセンブラ言語

学習のポイント　H8/300Hシリーズ(H8/3048F)は，62種類の機械語命令を備え，その組み合わせによって動作する．この章では，機械語命令およびアセンブラ言語について学ぶ．

3.1 命令の種類と命令の形式

●1. 機械語とアセンブラ言語

マイコンは**機械語**と呼ばれる2進数の命令コードによって動作する．機械語はマイコンが直接理解することのできる命令であるが，われわれにとっては，単なる"0"と"1"の並びにしかすぎない．そこで，プログラムの作成には，われわれにとって意味のわかる**アセンブラ言語**を使用する．

H8/300Hでは62種類の機械語命令をもち，それぞれの機械語命令に対して，ア

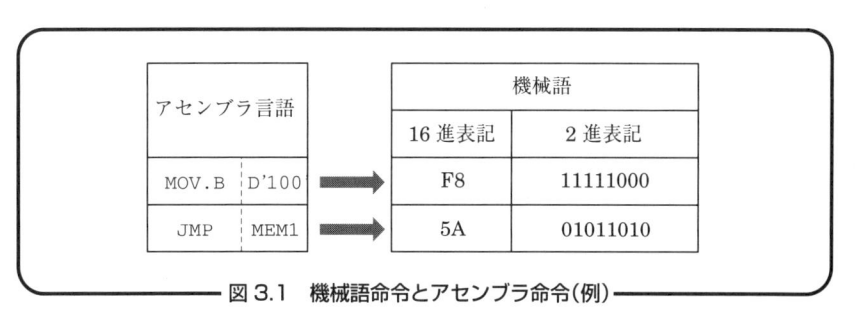

アセンブラ言語		機械語	
		16進表記	2進表記
MOV.B	D'100	F8	11111000
JMP	MEM1	5A	01011010

図3.1　機械語命令とアセンブラ命令(例)

センブラ言語の命令が割り当てられている．アセンブラ言語で記述されたプログラムは，**アセンブラ**と呼ばれるコンピュータプログラムを使用して機械語に変換する．アセンブラによって機械語に変換する作業を**アセンブル**と呼ぶ．

●2. 命令の種類

アセンブラ言語では，実際に機械語に変換される機械語命令以外に**擬似命令**，**マクロ命令**をもつ．

(1) **機械語命令**

機械語命令は，機械語に1対1に対応させて記号化した命令である．

H8/300Hは，表3.1に示す62種類の機械語命令をもつ．

表3.1 機械語命令の一覧

機　能	命　令
データ転送	MOV, PUSH, POP
算術演算	ADD, SUB, ADDX, SUBX, INC, DEC, ADDS, SUBS, DAA, DAS, MULXU, MULXS, DIVXU, DIVXS, CMP, NEG, EXTS, EXTU
論理演算	AND, OR, XOR, NOT
シフト	SHAL, SHAR, SHLL, SHLR, ROTL, ROTR, ROTXL, ROTXR
ビット操作	BSET, BCLR, BNOT, BTST, BAND, BIAND, BOR, BIOR, BXOR, BIXOR, BLD, BILD, BST, BIST
分岐	Bcc*, JMP, BSR, JSR, RTS
システム制御	TRAPA, RTE, SLEEP, LDC, STC, ANDC, ORC, XORC, NOP
ブロック転送	EEPMOV

＊Bccは，条件分岐命令の総称である．

(2) **擬 似 命 令**

擬似命令は，アセンブラに対する制御などを指示する命令で，アセンブル時に機械語に変換されることのない擬似的な命令である．代表的な擬似命令の例を表3.2に示す．

3.1 命令の種類と命令の形式

表3.2 代表的な擬似命令の例

命　令	機　　能
.CPU	使用CPUの指定
.SECTION	セクションの宣言
.ORG	ロケーションカウンタ値の設定
.ALIGN	ロケーションカウンタ値の境界調節
.EQU	シンボル値の設定
.BEQU	ビットデータ名の設定
.DATA	整数データ確保
.SDATA	文字列データ確保
.RES	整数データ領域確保
.END	ソースプログラムの終了

(3) マクロ命令

マクロ命令では，繰り返し使う命令や処理をマクロ命令として定義することができる．マクロ命令は，アセンブル時にいくつかの命令に展開される．

◀問3.1▶

次の空欄に適切な語句や数値を記入せよ．
(1) アセンブラ言語には，①□□□□命令，②□□□□命令，③□□□□命令がある．このうちの④□□□□命令は，機械語としてアセンブルされない命令である．
(2) H8/300H（H8/3048F）の機械語命令は，⑤□□□□種類ある．
(3) いくつかの命令を組み合わせて1つの命令として定義される命令を⑥□□□□命令と呼ぶ．

3. 命令の形式

アセンブラ命令は，ラベル，ニーモニック，オペランドで構成され，必要に応じてコメントをつけることができる．

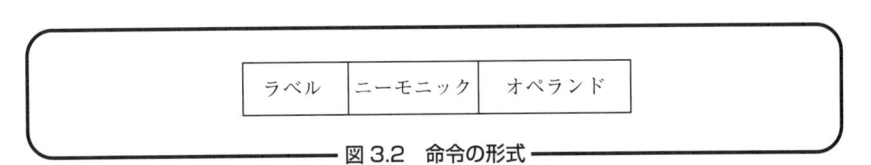

ラベル	ニーモニック	オペランド

図3.2 命令の形式

第3章　アセンブラ言語

(1) ラベル

ラベルを用いて，プログラムメモリに対するアドレス（番地）の代わりとすることができる．

●ラベルの記述ルール

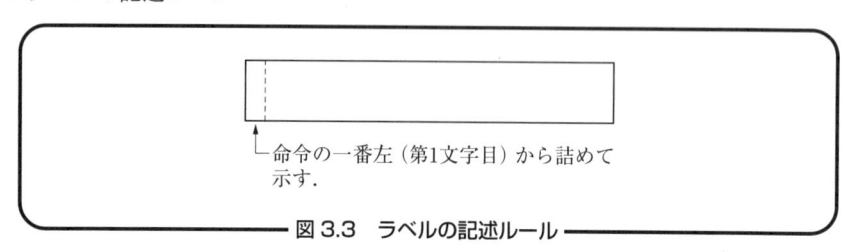

```
 ┌─────────────────────────┐
 │ ┌──┐                    │
 │ │  │                    │
 │ └──┘                    │
 │  └─命令の一番左（第1文字目）から詰めて │
 │    示す．                │
 └─────────────────────────┘
         ── 図3.3　ラベルの記述ルール ──
```

・行の先頭より記述する．
・英数文字またはアンダーバー"_"，ドル"$"を用いて半角251文字以内で記述する．大文字，小文字は区別される．

(2) ニーモニック

ニーモニックは，命令の内容を表す．

●ニーモニックの記述ルール

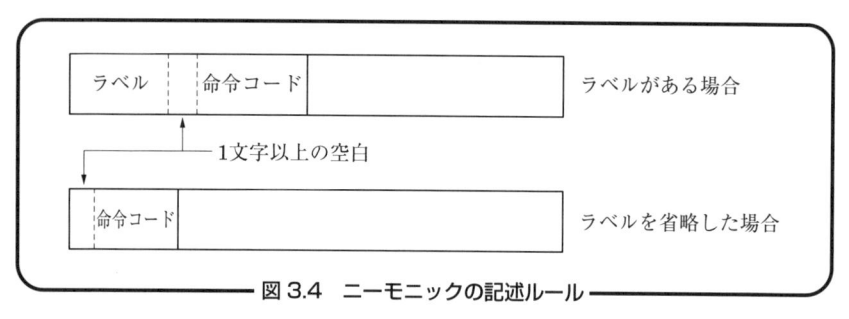

```
┌──────────────────────────────────────┐
│ │ラベル│命令コード│         │ラベルがある場合 │
│       ↑                              │
│       └─1文字以上の空白               │
│ │命令コード│                ラベルを省略した場合│
└──────────────────────────────────────┘
         ── 図3.4　ニーモニックの記述ルール ──
```

● 問3.1の解答

①機械語　②マクロ　③擬似　④擬似　⑤62　⑥マクロ

ラベルとの間に1文字以上のスペースかコロン":"をつける.
ラベルを省略した場合は，行の先頭から1文字以上のスペースをつける.

(3) オペランド

オペランドにはアドレスやレジスタ名など,操作対象となるデータを記述する.命令との間に1個以上のスペースまたはタブを置いてから書き始める.

(4) コメント

コメントはプログラムの実行に関係しない注釈文である．「；」(セミコロン)を置いてから書き始めた文はコメント文とみなされる．コメント文には，かなや漢字を使用することができる．

(5) 定　　数

定数には，整数定数と文字列定数がある（表3.3，表3.4）

表3.3　整数定数

進数	記号	例
2	B'	B'0010
8	Q'	Q'012
10	D'	D'23
16	H'	H'0D

表3.4　文字列定数

文字	記述
A	"A"
AB	"AB"
漢字	"漢字"
"	""""

文字列定数は，半角4文字以内の文字を「"」(ダブルクォーテーション)で囲んで記述するが,「"」自身を対象にする場合には「"」を2個続けて記述する.

◀ 問3.2 ▶

次のラベルの記述の中で誤っているものを探し,その理由を述べよ.

① STEP1　② JMP　③ PRO
④ aAC7　⑤ %A_3　⑥ LABEL

3.2 機械語命令の働き

H8/300Hの各機械語命令について，表3.5に示す記述形式および表3.6に示す記号を用いて説明を行う．

表3.5 説明に用いる記述形式

ラベル	ニーモニック	オペランド

● サイズ

命令によっては，命令の後に"."（ドット）に続けて扱うデータのサイズを指定する．サイズには，B：バイト（8ビット），W：ワード（16ビット），L：ロングワード（32ビット）がある．図3.5に，データ転送命令MOV命令における各サイズの指定例を示す．

● アドレッシング

オペランドに記述するデータ指定の仕方を**アドレッシング**という．H8/300Hでは，例えば，オペランドで指定したレジスタの内容を直接操作できるレジスタ直接アドレッシングなど，8通りのアドレッシング方法が用意されている．使用できるアドレッシング方法は，命令によって異なるため，これについては付録1の命令一覧表を参照すること．ここでは代表的なものについて例示する．アドレッシングの詳細については，後述する（110ページ参照）．

● 問3.2の解答

②予約語である．

③ラベルが第1文字目から書かれていない．

⑤ラベル中にアンダーバー，英数字以外の文字が含まれている．

● 3.2 機械語命令の働き ●

表3.6 説明に用いる記号

記　号	説　明
Rd	汎用レジスタ（デスティネーション側）*
Rs	汎用レジスタ（ソース側）*
Rn	汎用レジスタ*
ERn	汎用レジスタ（32ビットレジスタ／アドレスレジスタ）
(EAd)	デスティネーションオペランド
(EAs)	ソースオペランド
CCR	コンディションコードレジスタ
N	CCRのN（ネガティブ）フラグ
Z	CCRのZ（ゼロ）フラグ
V	CCRのV（オーバフロー）フラグ
C	CCRのC（キャリ）フラグ
PC	プログラムカウンタ
SP	スタックポインタ
@	アドレスを示す
#IMM	イミディエイトデータ
disp	ディスプレースメント
+	加算
−	減算
×	乗算
÷	除算
∧	論理積
∨	論理和
⊕	排他的論理和
→	転送
～	反転論理（論理的補数）
:3／:8／:16／:24	3／8／16／24ビット長

*汎用レジスタは，8ビット（R0H～R7H，R0L～R7L），16ビット（R0～R7，E0～E7），
　または32ビットレジスタ／アドレスレジスタ（ER0～ER7）である．

● 第3章　アセンブラ言語 ●

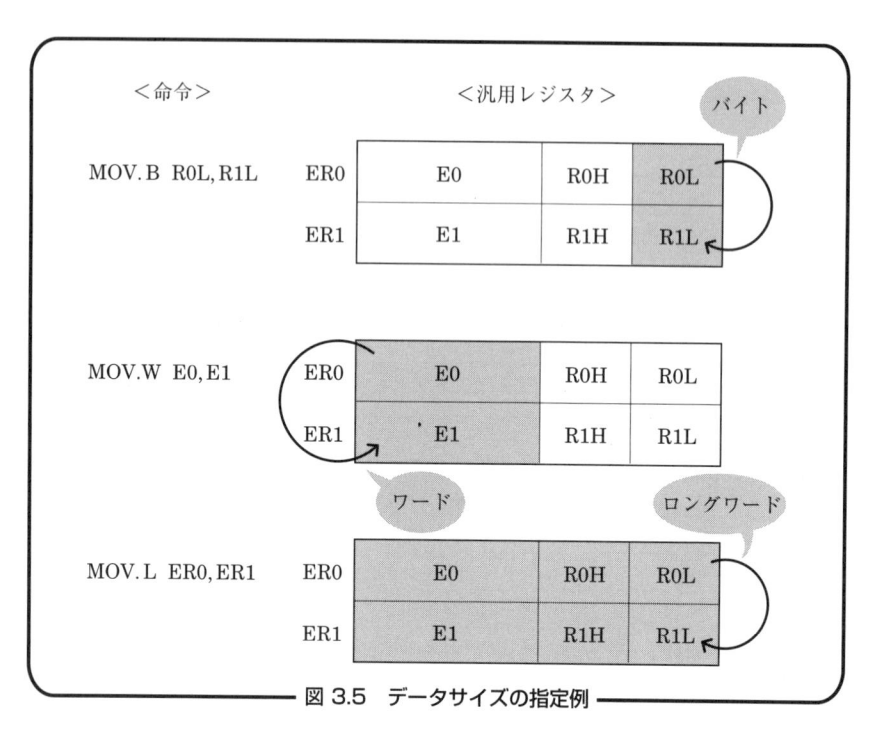

```
        <命令>                <汎用レジスタ>        バイト

    MOV.B R0L,R1L    ER0 |  E0  | R0H | R0L |
                     ER1 |  E1  | R1H | R1L |


    MOV.W E0,E1      ER0 |  E0  | R0H | R0L |
                     ER1 |  E1  | R1H | R1L |
                          ワード              ロングワード


    MOV.L ER0,ER1    ER0 |  E0  | R0H | R0L |
                     ER1 |  E1  | R1H | R1L |
```

図 3.5　データサイズの指定例

● フラグ

　例えば，MOV命令が実行されると，コンディションコードレジスタCCR中のフラグは，図3.6のように動作する．

I	UI	H	U	N	Z	V	C
-	-	-	-	↕	↕	0	-

N: 転送データが負のときは1にセット，それ以外は0にクリア
Z: 転送データが0（ゼロ）のときは1にセット，それ以外は0にクリア
V: 常に0にクリア
その他：実行前の値を保持

図 3.6　MOV命令実行後のフラグ

ほかの命令を実行した場合のフラグの動作については，付録1の命令一覧表を参照すること．

●1. データ転送命令

① MOV(MOVe)命令

● サイズ　B/W/L
● 記述形式

ラベル	ニーモニック	オペランド
[label]	MOV.B	Rs, Rd
[label]	MOV.B	Rs, (EAd)
[label]	MOV.B	#IMM, Rd

● 解説

(a) 汎用レジスタRsの内容をRdへ転送する．**レジスタ直接アドレッシング**と呼ばれる．

　　　MOV.B　R0L, R1L

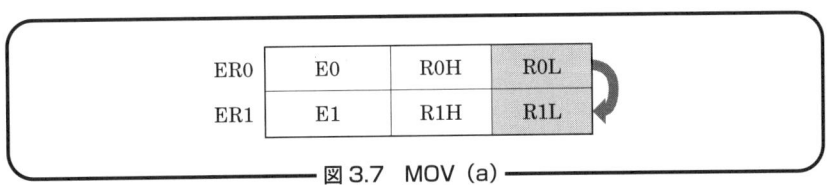

| ER0 | E0 | R0H | R0L |
| ER1 | E1 | R1H | R1L |

図3.7　MOV (a)

(b) 汎用レジスタRsの内容をメモリに転送する．**絶対アドレスアドレッシング**と呼ばれる．次の例における@P1DDRは，@はアドレスを表す記号であり，P1DDRはメモリのアドレスが割り付けられているシンボルである．

　　　MOV.B　R0L, @P1DDR

─── 図3.8　MOV (b) ───

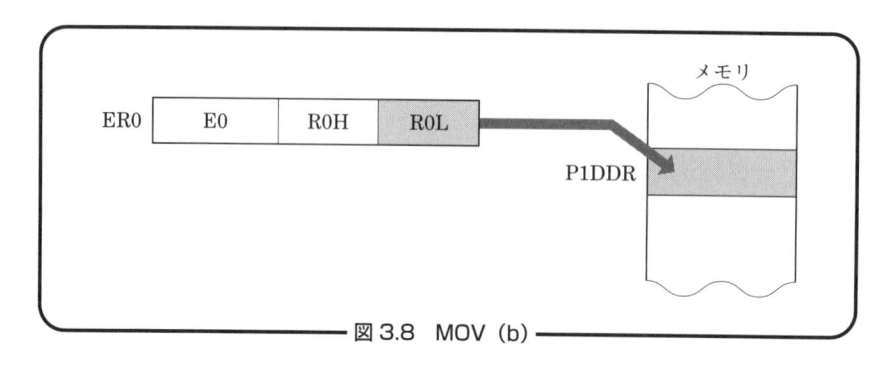

(c)　指定したデータ#IMMをそのまま汎用レジスタRdに転送する．イミディエイト(即値)アドレッシングと呼ばれる．

　　　MOV.B　#H'FF，R0L

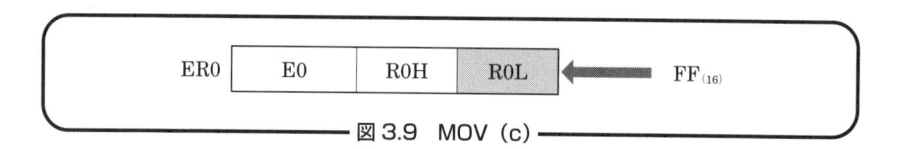

─── 図3.9　MOV (c) ───

❷　PUSH(PUSH data)命令

- サイズ　W/L
- 記述形式

ラベル	ニーモニック	オペランド
[label]	PUSH.W	Rn

- 解説

　メモリのスタック領域にデータを格納する．スタック領域の開始アドレスは，プログラムの始めにスタックポインタER7に設定しておく．PUSH命令を実行するとスタックポインタの値は下位アドレスへ移動する．

● 3.2 機械語命令の働き ●

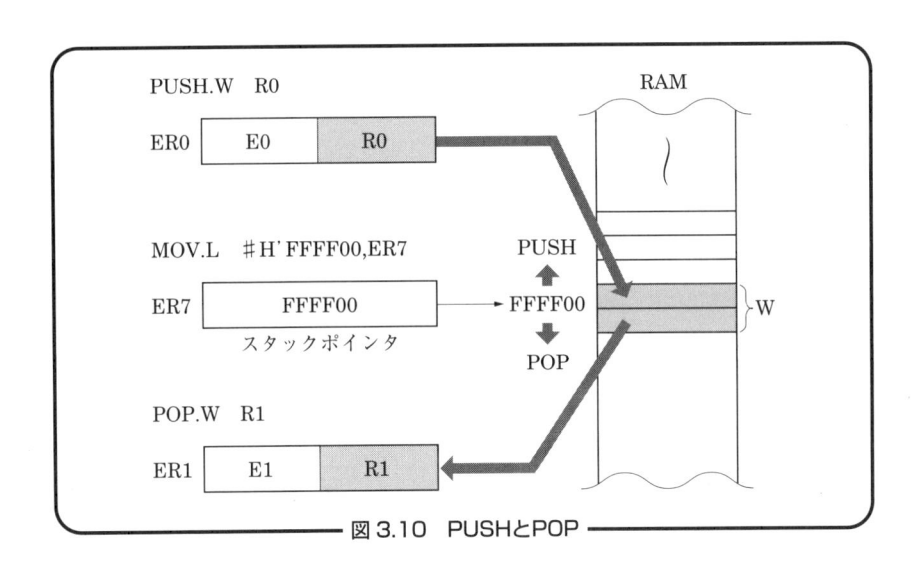

```
PUSH.W  R0
ER0  [ E0 | R0 ]

MOV.L   #H'FFFF00,ER7
ER7  [ FFFF00 ]
       スタックポインタ

POP.W   R1
ER1  [ E1 | R1 ]
```

図3.10 PUSHとPOP

③ POP(POP data)命令

● サイズ　W/L

● 記述形式

ラベル	ニーモニック	オペランド
[label]	POP.W	Rn

● 解説

　メモリのスタック領域からデータを取り出す（図3.10参照）．POP命令を実行するとスタックポインタの値は上位アドレスへ移動する．

◀ 問3.3 ▶

　　次の各命令の働きを説明せよ．
　　MOV.L　　ER2, ER5　　　　①
　　MOV.W　　#D'12345, E0　　②
　　PUSH.L　　ER0　　　　　　③

55

● 第3章 アセンブラ言語 ●

問3.4

メモリのDATA番地に定数(例えば値$05_{(16)}$)を書き込むには,どのようにすればよいか説明せよ.

●2. 算術演算命令

❶ ADD(ADD binary)命令

- サイズ　B/W/L
- 記述形式

ラベル	ニーモニック	オペランド
[label]	ADD.B	(EAs), Rd
[label]	ADD.B	Rs, Rd

- 解説

次の例では,メモリのDATA番地の内容とR0Lの内容を加算し,結果をR0Lに格納する.

　　　ADD.B　@DATA, R0L

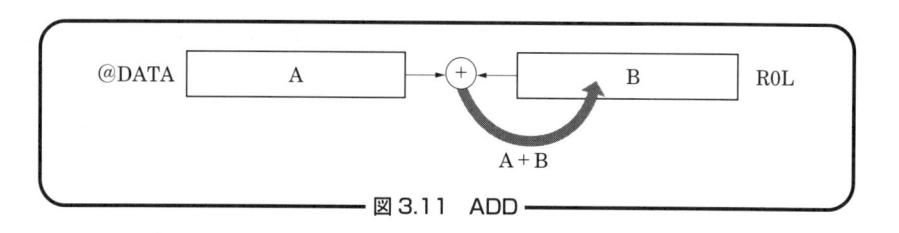

```
@DATA [    A    ] ──→(+)←── [    B    ] R0L
                      ↑_____|
                         A+B
```

── 図3.11　ADD ──

● 問3.3の解答

①ER2の内容をER5へ転送.

②$12345_{(10)}$をE0に格納.

③ER0の内容をスタックへ格納.

❷ SUB(SUBtract binary)命令

- サイズ　B/W/L
- 記述形式

ラベル	ニーモニック	オペランド
[label]	SUB.B	(EAs), Rd
[label]	SUB.B	Rs, Rd

- 解説

次の例では，R0Lの内容からR0Hの内容を減算し，結果をR0Lに格納する．

　　SUB.B　R0H, R0L

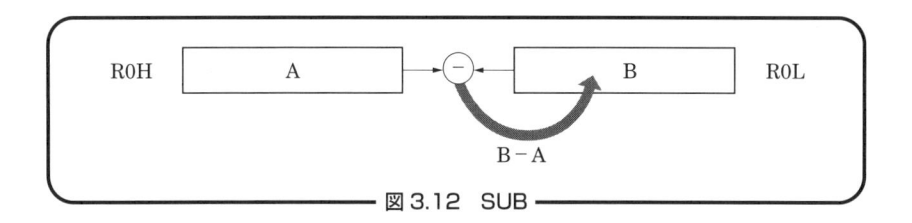

```
┌─────────────────────────────────────────────┐
│  R0H  [   A   ]──⊖──[   B   ]  R0L          │
│                   B-A                        │
└─────────────── 図 3.12  SUB ────────────────┘
```

❸ ADDX(ADD with eXtend carry)命令

- サイズ　B
- 記述形式

ラベル	ニーモニック	オペランド
[label]	ADDX	Rs, Rd

- 解説

Rsの内容とRdの内容とキャリフラグCの値を加算し，結果をRdに格納する．

　　ADDX　R0H, R0L

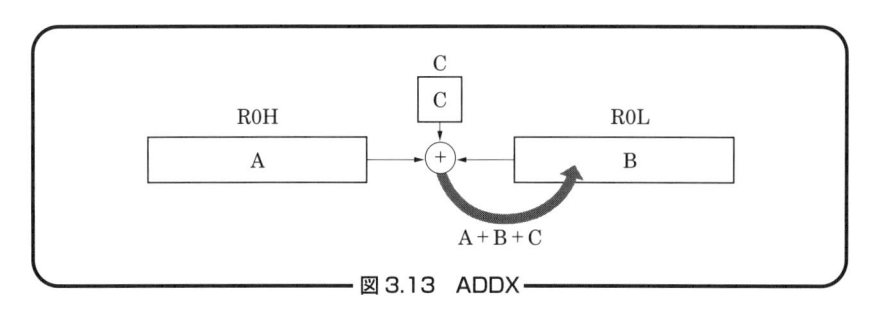

```
┌─────────────────────────────────────────────┐
│                    [ C ]                     │
│  R0H [ A ] ──→ ⊕ ←── [ B ]  R0L             │
│                  A+B+C                       │
└─────────────── 図 3.13  ADDX ───────────────┘
```

● 第3章 アセンブラ言語 ●

④ SUBX(SUBtract with eXtend carry)命令

● サイズ　B
● 記述形式

ラベル	ニーモニック	オペランド
[label]	SUBX	Rs, Rd

● 解説

　Rdの内容から，Rsの内容とキャリフラグCの値を減算し，結果をRdに格納する．

　　　SUBX　R0H, R0L

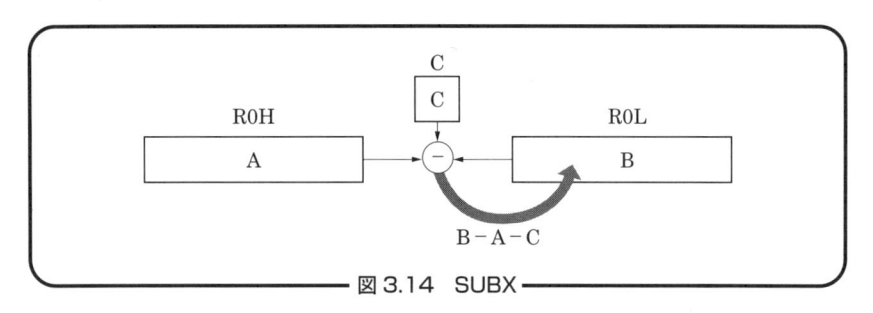

```
            C
           ┌─┐
           │C│
           └─┘
  R0H        │        R0L
┌──────┐     ▼      ┌──────┐
│  A   │───▶(−)◀────│  B   │
└──────┘     │      └──────┘
             │         ▲
             └─────────┘
              B − A − C
```

　　　　　　図 3.14　SUBX

⑤ INC(INCrement)命令

● サイズ　B/W/L
● 記述形式

ラベル	ニーモニック	オペランド
[label]	INC.B	Rd
[label]	INC.W	#1, Rd
[label]	INC.W	#2, Rd

● 問3.4の解答

　MOV命令を使用して汎用レジスタに定数を書き込んだ後（イミディエイトアドレッシング），再びMOV命令で汎用レジスタからメモリに転送する（絶対アドレッシング）．

● 解説

Rdの内容に1または2を加算し，結果をRdに格納する．Bサイズでは1加算のみであるが，WとLサイズでは1加算(#1)か2加算(#2)を選択できる．

  INC.W #1, R0

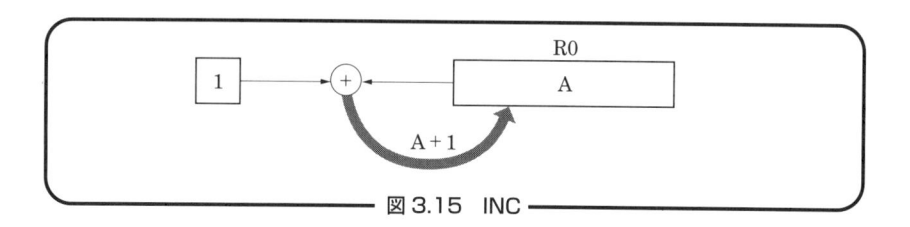

図 3.15　INC

⑥ DEC(DECrement)命令

● サイズ　B/W/L
● 記述形式

ラベル	ニーモニック	オペランド
[label]	DEC.B	Rd
[label]	DEC.W	#1, Rd
[label]	DEC.W	#2, Rd

● 解説

Rdの内容から1または2を減算し，結果をRdに格納する．Bサイズでは1減算のみであるが，WとLサイズでは1減算(#1)か2減算(#2)を選択できる．

  DEC.W #2, R0

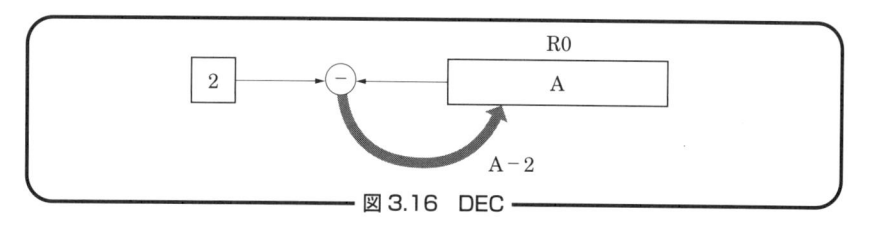

図 3.16　DEC

７ ADDS(ADD with Sign extention)命令

- サイズ　L
- 記述形式

ラベル	ニーモニック	オペランド
[label]	ADDS	#1, ERn

- 解説

32ビット汎用レジスタERnの内容に1(#1)，2(#2)または4(#4)を加算する．ADD命令とは異なり，CCRは実行前の値を保持する．

　　　ADDS　#4, ER0

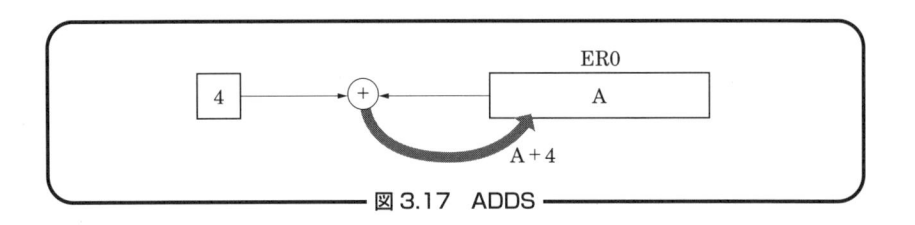

```
┌─────────────────────────────────────┐
│                              ER0    │
│   ┌─┐      ⊕──────────┌──────┐      │
│   │4├──────→         │  A   │      │
│   └─┘                 └──────┘      │
│                A+4                  │
└─────────────────────────────────────┘
```
――― 図3.17　ADDS ―――

８ SUBS(SUBtract with Sign extention)命令

- サイズ　L
- 記述形式

ラベル	ニーモニック	オペランド
[label]	SUBS	#4, ERn

- 解説

32ビット汎用レジスタERnの内容から1(#1)，2(#2)または4(#4)を減算する．SUB命令とは異なり，CCRは実行前の値を保持する．

　　　SUBS　#2, ER0

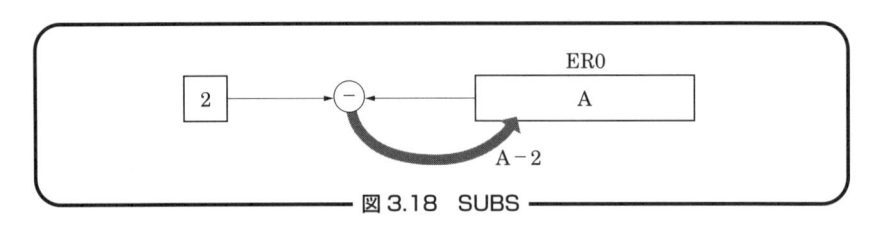

```
┌─────────────────────────────────────┐
│                              ER0    │
│   ┌─┐      ⊖──────────┌──────┐      │
│   │2├──────→         │  A   │      │
│   └─┘                 └──────┘      │
│                A−2                  │
└─────────────────────────────────────┘
```
――― 図3.18　SUBS ―――

⑨ DAA(Decimal Adjust Add)命令

- サイズ　B
- 記述形式

ラベル	ニーモニック	オペランド
[label]	DAA	Rd

- 解説

ADD.B命令，ADDX命令で，4ビットのBCD(2進化10進数)データを加算した結果が8ビットレジスタRdおよびC(2^7ビットからのキャリ)，H(2^3ビットからのキャリ)にあるとき，表3.7に従ってRdの内容を補正(16進数の00,06,60,66を加算)する．

表3.7　DAA命令のBCD補正

補正前の Cフラグ	補正前の 上位4ビット	補正前の Hフラグ	補正前の 下位4ビット	加算される数 (16進数)	補正後の Cフラグ
0	0～9	0	0～9	00	0
0	0～8	0	A～F	06	0
0	0～9	1	0～3	06	0
0	A～F	0	0～9	60	1
0	9～F	0	A～F	66	1
0	A～F	1	0～3	66	1
1	1～2	0	0～9	60	1
1	1～2	0	A～F	66	1
1	1～3	1	0～3	66	1

　　　　ADD.B　R0L, R1L
　　　　DAA　R1L

● 第3章 アセンブラ言語 ●

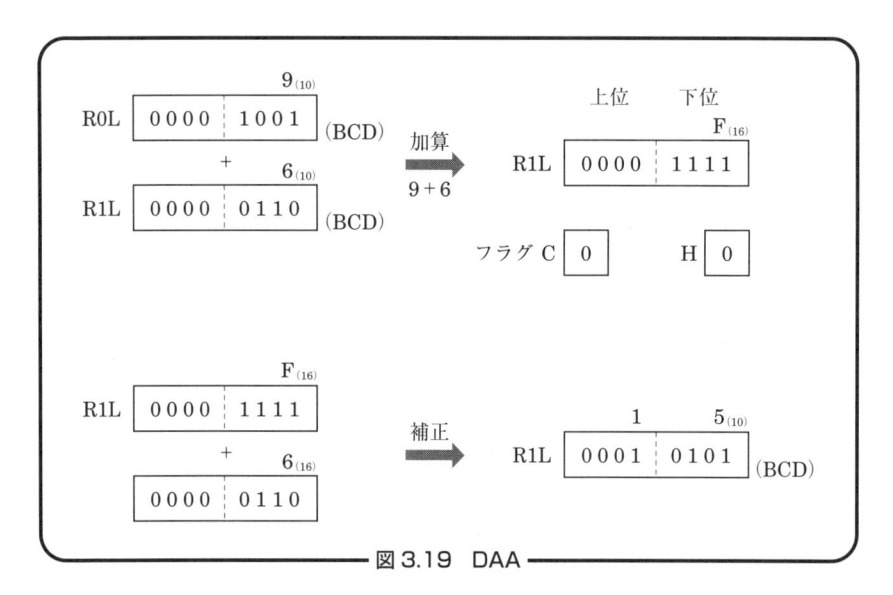

```
        9₍₁₀₎
R0L  0000 1001  (BCD)
   +      6₍₁₀₎              上位    下位
R1L  0000 0110  (BCD)                  F₍₁₆₎
                      加算     R1L  0000 1111
                      9+6
                              フラグ C  0    H  0


        F₍₁₆₎
R1L  0000 1111                 1    5₍₁₀₎
   +      6₍₁₆₎        補正    R1L 0001 0101 (BCD)
     0000 0110
```

図3.19 DAA

⑩ DAS(Decimal Adjust Subtract)命令

- サイズ　B
- 記述形式

ラベル	ニーモニック	オペランド
[label]	DAS	Rd

- 解説

SUB.B命令，SUBX命令およびNEG.B命令で，4ビットのBCD（2進化10進数）データを減算した結果が8ビットレジスタRdおよびC（2^7ビットからのキャリ），H（2^3ビットからのキャリ）にあるとき，表3.8に従ってRdの内容を補正（16進数の00, FA, A0, 9Aを加算）する．

表3.8　DAS命令のBCD補正

補正前の Cフラグ	補正前の 上位4ビット	補正前の Hフラグ	補正前の 下位4ビット	加算される数 （16進数）	補正後の Cフラグ
0	0~9	0	0~9	00	0
0	0~8	1	6~F	FA	0
1	7~F	0	0~9	A0	1
1	6~F	1	6~F	9A	1

3.2 機械語命令の働き

次の例は，10進数の5−9＝−4に相当する演算である．符号なしBCDには負の概念はないが，補正後のR1Lの内容 $10010110_{(BCD)}$ に $00000100_{(BCD)} = 4_{(10)}$ を加算すると，$00000000_{(BCD)}$ となるころから，$-4_{(10)}$ に相当する結果が得られていることがわかる．

  SUB.B R0L, R1L

  DAS R1L

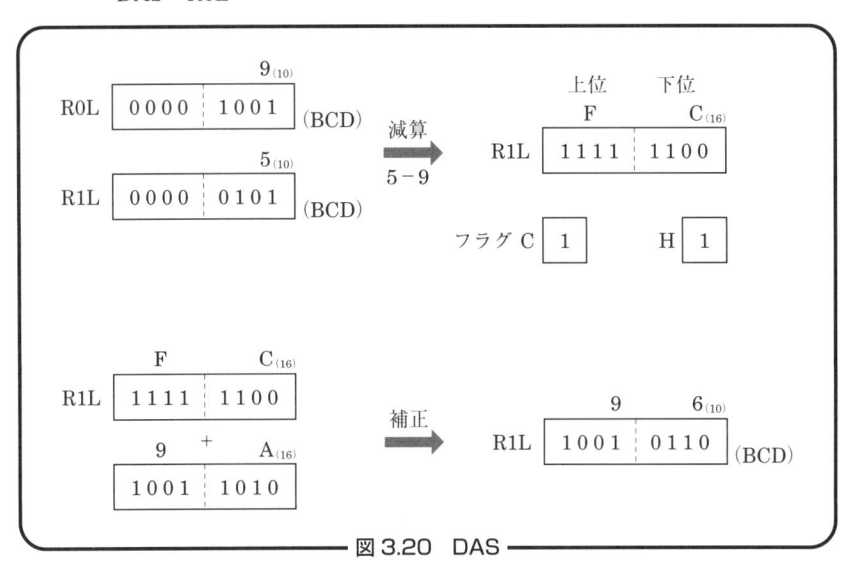

図 3.20 DAS

[11] MULXU (MULtiply eXtend as Unsigned) 命令

- サイズ　B/W
- 記述形式

ラベル	ニーモニック	オペランド
[label]	MULXU.B	Rs, Rd

- 解説

 サイズBの場合には，16ビットレジスタRdの下位8ビットと8ビットレジスタRsの内容を符号なし乗算し，結果をRdに格納する．サイズWの場合には，32ビットレジスタERdの下位16ビットと16ビットレジスタRsの内容を符号なし乗算し，

結果をERdに格納する．

   MULXU.B R0H, E0

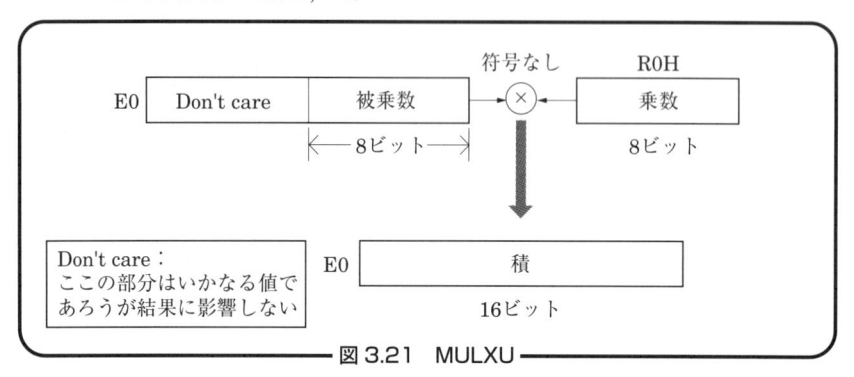

```
                             符号なし        R0H
     ┌──────────┬──────────┐    ┌───┐    ┌──────┐
  E0 │Don't care│ 被乗数    │───▶│ × │◀───│ 乗数  │
     └──────────┴──────────┘    └───┘    └──────┘
                ←─8ビット─→                 8ビット
                                   │
                                   ▼
     ┌──────────────┐     ┌────────────────────┐
     │Don't care：  │  E0 │        積           │
     │ここの部分はいか│     └────────────────────┘
     │なる値であろうが│              16ビット
     │結果に影響しない│
     └──────────────┘
```

      ━ 図3.21 MULXU ━

⑫ MULXS(MULtiply eXtend as Signed)命令

- サイズ B/W
- 記述形式

ラベル	ニーモニック	オペランド
[label]	MULXS.B	Rs, Rd

- 解説

 サイズBの場合には，16ビットレジスタRdの下位8ビットと8ビットレジスタRsの内容を符号付き乗算し，結果をRdに格納する．サイズWの場合には，32ビットレジスタERdの下位16ビットと16ビットレジスタRsの内容を符号付き乗算し，結果をERdに格納する．

   MULXS.B R0H, E0

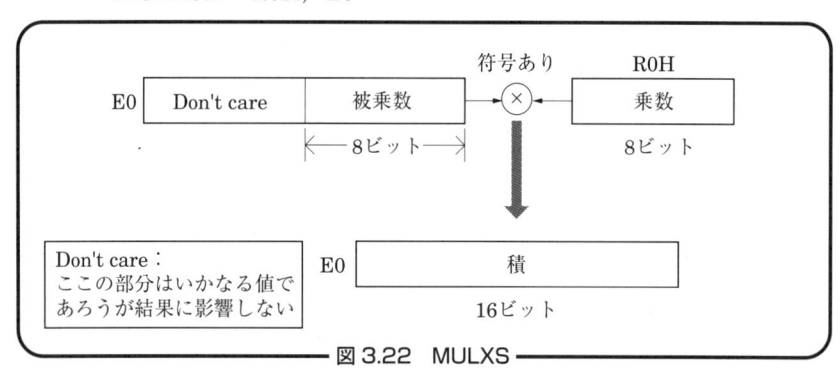

```
                             符号あり        R0H
     ┌──────────┬──────────┐    ┌───┐    ┌──────┐
  E0 │Don't care│ 被乗数    │───▶│ × │◀───│ 乗数  │
     └──────────┴──────────┘    └───┘    └──────┘
                ←─8ビット─→                 8ビット
                                   │
                                   ▼
     ┌──────────────┐     ┌────────────────────┐
     │Don't care：  │  E0 │        積           │
     │ここの部分はいか│     └────────────────────┘
     │なる値であろうが│              16ビット
     │結果に影響しない│
     └──────────────┘
```

      ━ 図3.22 MULXS ━

3.2 機械語命令の働き

⑬ DIVXU(DIVide eXtend as Unsigned)命令

- サイズ　B/W
- 記述形式

ラベル	ニーモニック	オペランド
[label]	DIVXU.B	Rs, Rd

- 解説

サイズBの場合には，16ビットレジスタRdの内容を8ビットレジスタRsの内容で符号なし除算し，結果をRdに格納する．サイズWの場合には，32ビットレジスタERdの内容を16ビットレジスタRsの内容で符号なし除算し，結果をERdに格納する．この命令では，ゼロ除算とオーバーフローの検出を行っていないので，必要に応じて対策をとる必要がある．

　　　　DIVXU.B　R0L, E0

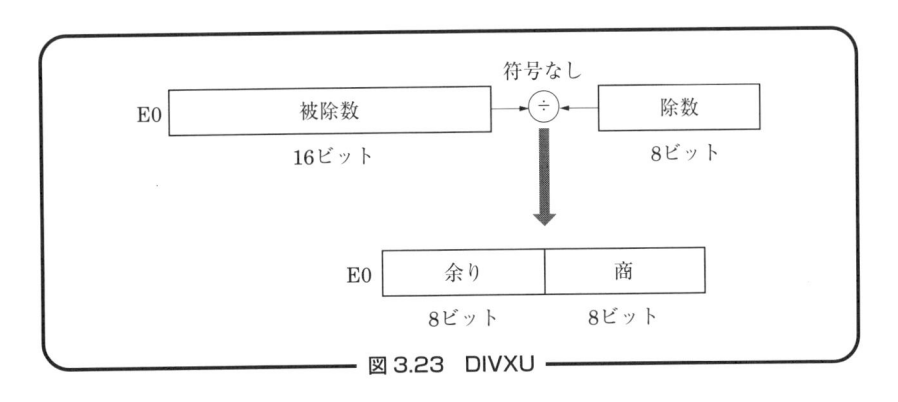

図 3.23　DIVXU

⑭ DIVXS(DIVide eXtend as Signed)命令

- サイズ　B/W
- 記述形式

ラベル	ニーモニック	オペランド
[label]	DIVXS.B	Rs, Rd

● **解説**

サイズBの場合には，16ビットレジスタRdの内容を8ビットレジスタRsの内容で符号付き除算し，結果をRdに格納する．サイズWの場合には，32ビットレジスタERdの内容を16ビットレジスタRsの内容で符号付き除算し，結果をERdに格納する．この命令では，ゼロ除算とオーバーフローの検出を行っていないので，必要に応じて対策をとる必要がある．

  DIVXU.B R0L, E0

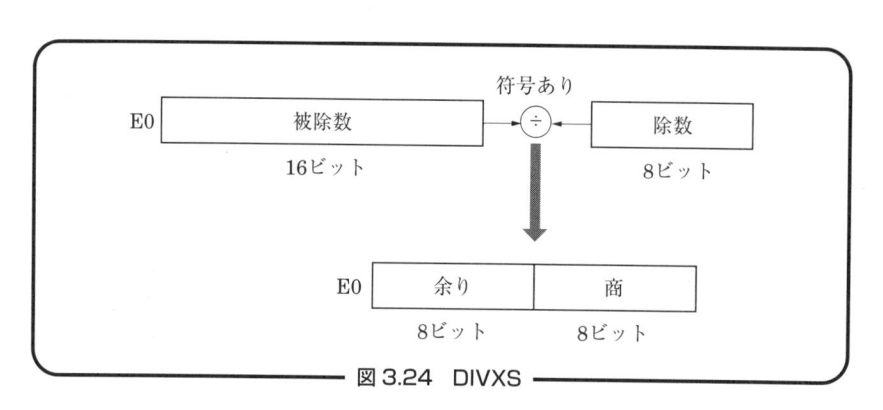

図3.24 DIVXS

⑮ CMP (CoMPare) 命令

● サイズ B/W/L

● 記述形式

ラベル	ニーモニック	オペランド
[label]	CMP.B	Rs, Rd
[label]	CMP.B	#IMM, Rd

● **解説**

Rdの内容からRsの内容を減算し，その結果によってCCRのフラグH, N, Z, V, Cを動作させる．Rdの内容は変化しない．

  CMP.B R0L, R0H

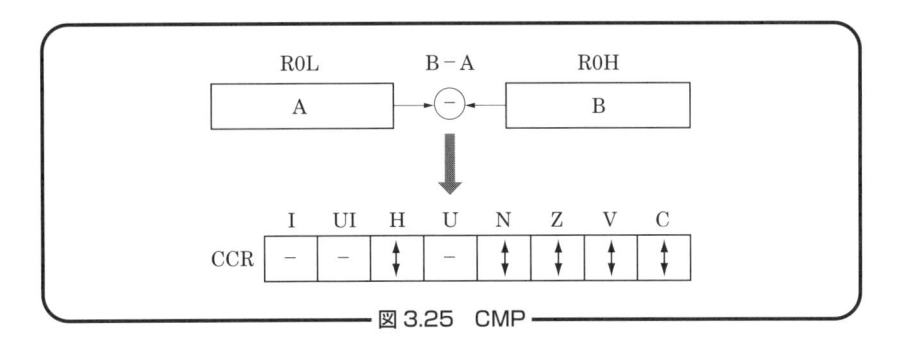

```
                R0L      B−A      R0H
              ┌──────┐   ┌─┐   ┌──────┐
              │  A   │──▶│−│◀──│  B   │
              └──────┘   └─┘   └──────┘
                          │
                          ▼
                  I  UI  H  U  N  Z  V  C
              CCR ─  ─  ↕  ─  ↕  ↕  ↕  ↕
```

図 3.25 CMP

⑯ NEG(NEGate)命令

● サイズ　B/W/L

● 記述形式

ラベル	ニーモニック	オペランド
[label]	NEG.B	Rd

● 解説

Rdの内容の2の補数をとり（$00_{(16)}$から減算し），Rdに格納する．

　　　NEG.B　R0L

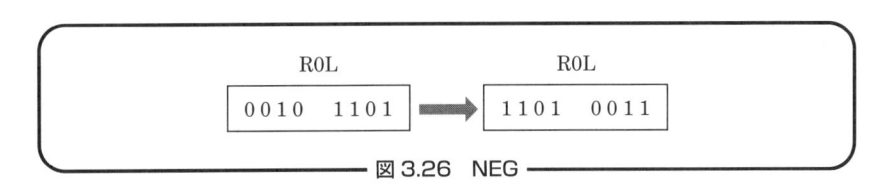

```
           R0L                R0L
        ┌──────────┐       ┌──────────┐
        │0010 1101 │──────▶│1101 0011 │
        └──────────┘       └──────────┘
```

図 3.26 NEG

⑰ EXTS(Extend as Signed)命令

● サイズ　W/L

● 記述形式

ラベル	ニーモニック	オペランド
[label]	EXTS.W	Rd

● 解説

サイズWでは，16ビットレジスタRdの下位8ビットの符号を上位方向にコピーする．つまり，Rdのビット7をビット8～15にコピーする．これを**符号拡張**という．サイズLでは，32ビットレジスタERdの下位16ビットの符号を符号拡張する．

   EXTS.W E0

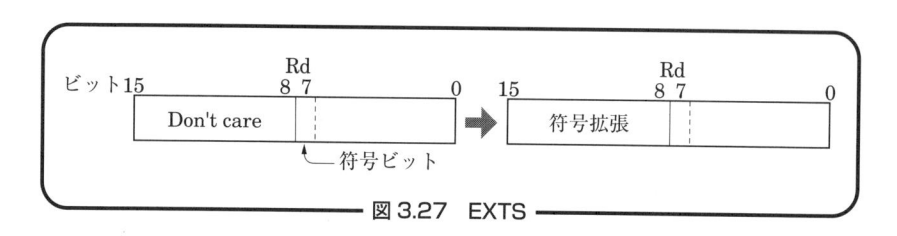

――― 図 3.27　EXTS ―――

⑱ EXTU（Extend as Unsigned）命令

● サイズ　W/L

● 記述形式

ラベル	ニーモニック	オペランド
[label]	EXTU.W	Rd

● 解説

サイズWでは，16ビットレジスタRdの上位8ビットに0を代入する．これをゼロ拡張という．サイズLでは，32ビットレジスタERdの上位16ビットをゼロ拡張する．

   EXTU.W E0

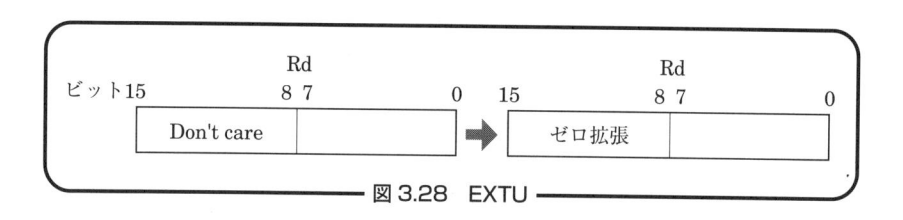

――― 図 3.28　EXTU ―――

3.2 機械語命令の働き

◀ 問3.5 ▶

R0Lに$17_{(10)}$，R1Hに$67_{(10)}$が格納されている場合，次の各命令の実行後，R0LおよびR1Hの内容はどうなるか．

命令	R0L	R1H
MOV.B R0L, R1H	①	②
SUB.B R0L, R1H	③	④
INC.B R1H	⑤	⑥
ADD.B R0L, R1H	⑦	⑧
CMP.B R0L, R1H	⑨	⑩

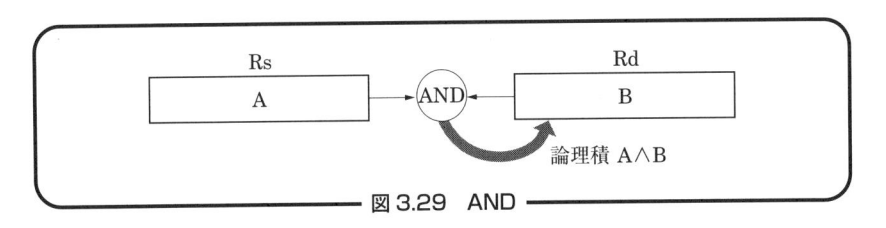

3. 論理演算命令

① AND(AND logical)命令

- サイズ　B/W/L
- 記述形式

ラベル	ニーモニック	オペランド
[label]	AND.B	Rs, Rd
[label]	AND.B	#IMM, Rd

- 解説

　Rsの内容(または#IMM)とRdの内容の論理積をとり，結果をRdに格納する．
　　　AND.B　R0L, R0H

図 3.29　AND

● 第3章 アセンブラ言語 ●

❷ OR(inclusive OR logical)命令

- サイズ　B/W/L
- 記述形式

ラベル	ニーモニック	オペランド
[label]	OR.B	Rs, Rd
[label]	OR.B	#IMM, Rd

- 解説

　Rsの内容(または#IMM)とRdの内容の論理和をとり，結果をRdに格納する．
　　OR.B　R0L, R0H

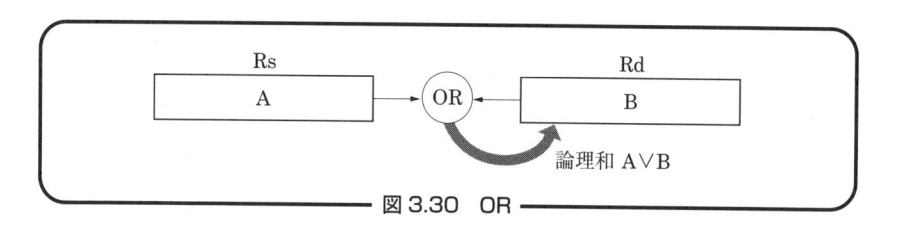

```
        Rs                          Rd
    ┌─────────┐              ┌─────────┐
    │    A    │─→ (OR) ←─│    B    │
    └─────────┘              └─────────┘
                    論理和 A∨B
```
図 3.30　OR

❸ XOR(eXclusive OR logical)命令

- サイズ　B/W/L
- 記述形式

ラベル	ニーモニック	オペランド
[label]	XOR.B	Rs, Rd
[label]	XOR.B	#IMM, Rd

- 解説

　Rsの内容(または#IMM)とRdの内容の排他的論理和をとり，結果をRdに格納する．
　　XOR.B　R0L, R0H

● 問3.5の解答

①17　②17　③17　④50　⑤17　⑥68　⑦17　⑧84　⑨17　⑩67

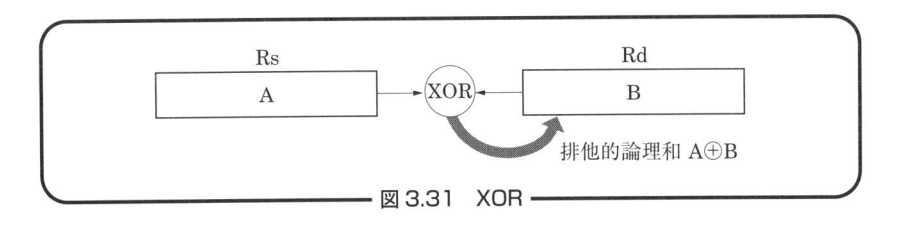

● 3.2 機械語命令の働き ●

```
        Rs                          Rd
    ┌─────────┐              ┌─────────┐
    │    A    │──→(XOR)←─────│    B    │
    └─────────┘       ↑      └─────────┘
                      └──排他的論理和 A⊕B
```
── 図 3.31 XOR ──

4 NOT(NOT=logical complement)命令

● サイズ　B/W/L
● 記述形式

ラベル	ニーモニック	オペランド
[label]	NOT.B	Rd

● 解説

　Rdの内容の論理否定(1の補数)をとり，結果をRdに格納する．

　　　NOT.B　R0L

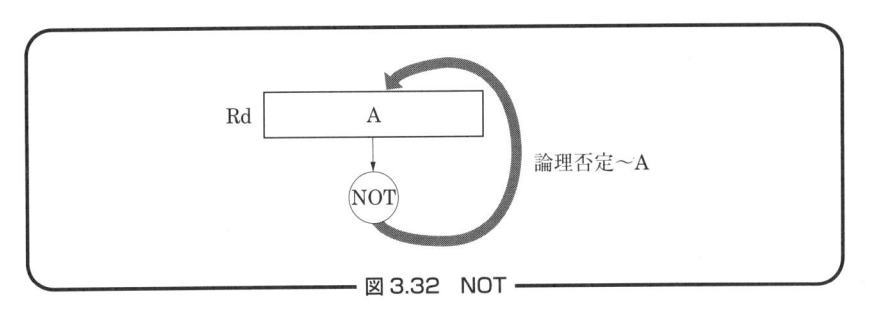

```
    Rd ┌─────────┐
       │    A    │───┐
       └────┬────┘   │ 論理否定〜A
            ↓        │
          (NOT)──────┘
```
── 図 3.32 NOT ──

◀ 問3.6 ▶

R0Lに$10011011_{(2)}$，R1Hに$10110100_{(2)}$が格納されている場合，次の各命令の実行後，R0LおよびR1Hの内容はどうなるか．

命令	R0L	R1H
AND.B R0L, R1H	①	②
OR.B R0L, R1H	③	④
OR.B R1H, R0L	⑤	⑥
NOT.B R0L	⑦	⑧
XOR.B R0L, R1H	⑨	⑩

◀ 問3.7 ▶

AND，OR，XOR演算命令の性質について，次の空欄をうめ，説明せよ．

(1) 論理演算の結果を格納した汎用レジスタに変化がないのは，①□□□$_{(2)}$とAND演算した場合と，②□□□$_{(2)}$とOR演算した場合と，③□□□$_{(2)}$とXOR演算した場合である．

(2) $11111111_{(2)}$とXOR演算した場合は，④□□□演算と同じ結果を得る．

4. シフト命令

① SHAL(SHift Arithmetic Left)命令

● サイズ　B/W/L

● 記述形式

ラベル	ニーモニック	オペランド
[label]	SHAL.B	Rd

● 解説

Rdのビット群を，左方向に算術的に1ビットシフトする．シフトアウトしたビッ

トはCに，LSB（最下位ビット）には0が格納される．本命令とSHLL命令では，フラグVの動作が異なる．本命令では，オーバーフロー発生時にV＝1となる．

  SHAL.B R0L

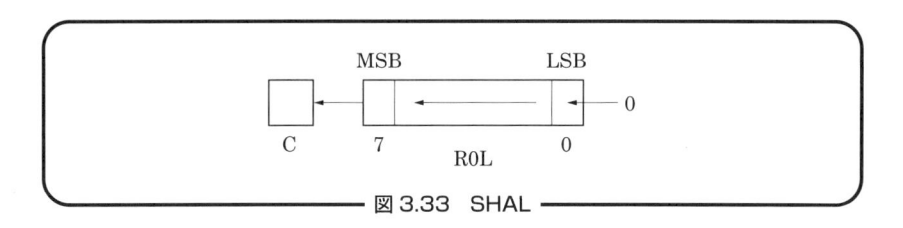

```
            MSB              LSB
        ┌─┐ ┌───────────────────┐
        │ │←│  ←               │←─0
        └─┘ └───────────────────┘
         C   7                 0
                   R0L
```
──── 図 3.33　SHAL ────

2 SHAR(SHift Arithmetic Right)命令

- サイズ　B/W/L
- 記述形式

ラベル	ニーモニック	オペランド
[label]	SHAR.B	Rd

- 解説

 Rdのビット群を，右方向に算術的に1ビットシフトする．シフトアウトしたビットはCに，MSB(最上位ビット)は変化しない．

  SHAR.B R0L

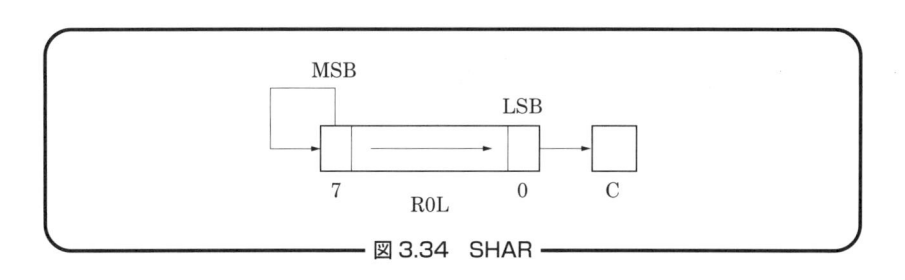

```
     MSB
    ┌─┐
    │ │                  LSB
    │ ↓┌───────────────────┐ ┌─┐
    └─→│  →               │→│ │
       └───────────────────┘ └─┘
        7                 0   C
                  R0L
```
──── 図 3.34　SHAR ────

● 第3章 アセンブラ言語 ●

③ SHLL(SHift Logical Left)命令

- サイズ　B/W/L
- 記述形式

ラベル	ニーモニック	オペランド
[label]	SHLL.B	Rd

- 解説

　Rdのビット群を,左方向に論理的に1ビットシフトする.シフトアウトしたビットはCに,LSB(最下位ビット)には0が格納される.本命令とSHAL命令では,フラグVの動作が異なる.本命令では,常にV=0となる.

　　　SHLL.B　R0L

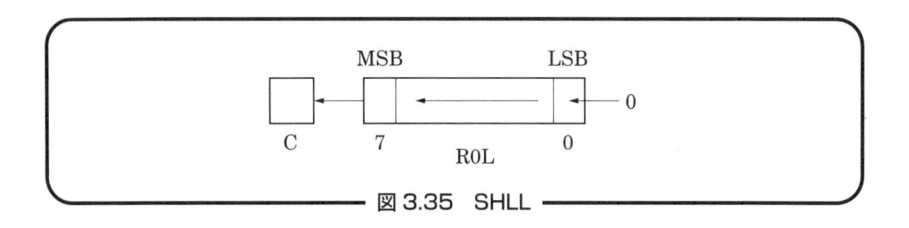

```
                    MSB          LSB
            ┌─┐   ┌─────────────┐
            │ │ ← │ ← ─────────  │ ← 0
            └─┘   └─────────────┘
             C     7    R0L    0
```

図3.35　SHLL

④ SHLR(SHift Logical Right)命令

- サイズ　B/W/L
- 記述形式

ラベル	ニーモニック	オペランド
[label]	SHLR.B	Rd

● 問3.6の解答

①10011011　②10010000　③10011011　④10111111　⑤10110100

⑥10111111　⑦01100100　⑧10110100　⑨10011011　⑩00101111

● 問3.7の解答

①11111111　②00000000　③00000000　④NOT

● 3.2 機械語命令の働き ●

● 解説

Rdのビット群を，右方向に論理的に1ビットシフトする．シフトアウトしたビットはCに，MSB（最上位ビット）には0が格納される．

　　　SHLR.B　R0L

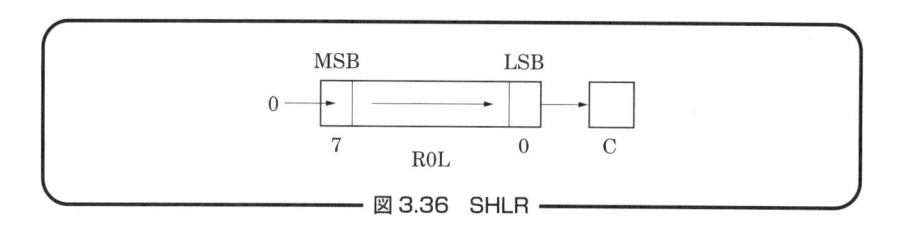

図 3.36　SHLR

⑤ ROTL(ROTate Left)命令

● サイズ　B/W/L
● 記述形式

ラベル	ニーモニック	オペランド
[label]	ROTL.B	Rd

● 解説

Rdのビット群を，左方向に1ビットローテイト（回転）する．シフトアウトしたビットはLSBに戻り，かつCにも格納される．

　　　ROTL.B　R0L

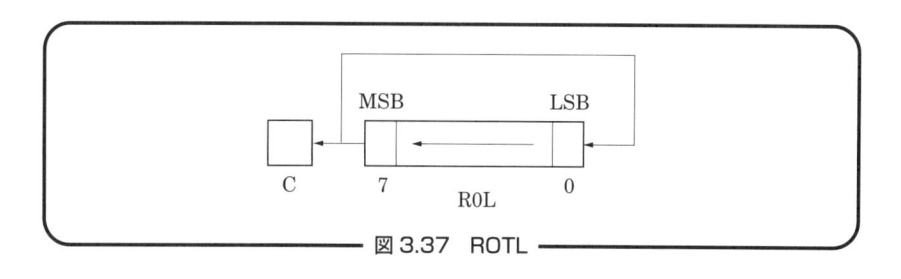

図 3.37　ROTL

75

● 第3章　アセンブラ言語 ●

6　ROTR(ROTate Right)命令

- サイズ　B/W/L
- 記述形式

ラベル	ニーモニック	オペランド
[label]	ROTR.B	Rd

- 解説

　Rdのビット群を，右方向に1ビットローテイト(回転)する．シフトアウトしたビットはMSBに戻り，かつCにも格納される．

　　　ROTR.B　R0L

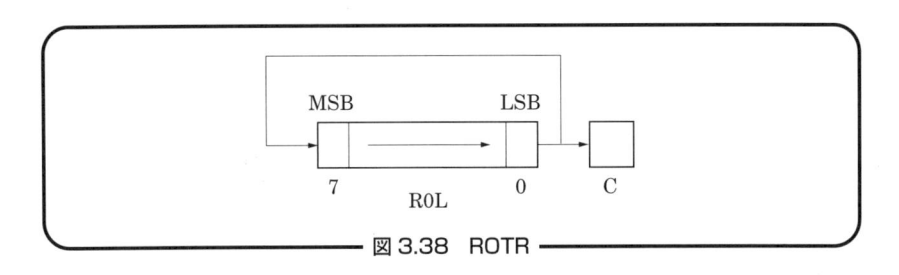

```
          MSB            LSB
       ┌─────────────────────┐
       │                     │→ □
       └─────────────────────┘   C
         7      R0L      0
```

図3.38　ROTR

7　ROTXL(ROTate with eXtend carry Left)命令

- サイズ　B/W/L
- 記述形式

ラベル	ニーモニック	オペランド
[label]	ROTXL.B	Rd

- 解説

　Rdのビット群を，Cを含めて左方向に1ビットローテイト(回転)する．LSBにはCの値が入り，シフトアウトしたビットはCに格納される．

　　　ROTXL.B　R0L

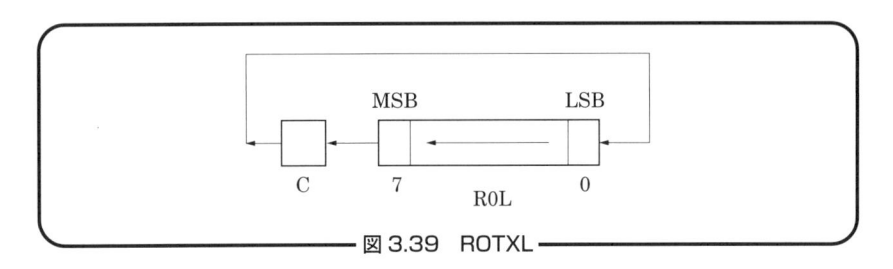

図 3.39 ROTXL

8 ROTXR(ROtate with eXtend carry Right)命令

- サイズ B/W/L
- 記述形式

ラベル	ニーモニック	オペランド
[label]	ROTXR.B	Rd

- 解説

Rdのビット群を，Cを含めて右方向に1ビットローテイト(回転)する．MSBにはCの値が入り，シフトアウトしたビットはCに格納される．

  ROTXR.B R0L

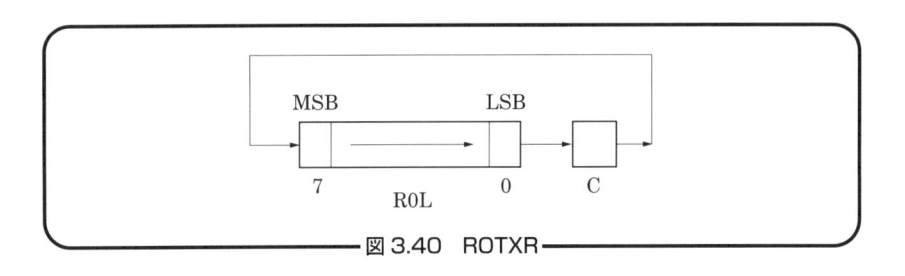

図 3.40 ROTXR

● 第3章 アセンブラ言語 ●

◀ 問3.8 ▶

R0Lに10011011₍₂₎，キャリフラグCに0が格納されている場合，次の各命令の実行後，R0LおよびCの内容はどうなるか．

命令	R0L	C
SHAL.B R0L	①	②
SHAR.B R0L	③	④
SHLL.B R0L	⑤	⑥
ROTL.B R0L	⑦	⑧
ROTXL.B R0L	⑨	⑩

5. ビット操作命令

1 BSET(Bit SET)命令

- サイズ　B
- 記述形式

ラベル	ニーモニック	オペランド
[label]	BSET	#IMM, Rd
[label]	BSET	Rn, Rd

- 解説

Rdの指定された1ビットを1にセットする．ビット番号は，#IMM(0～7)または8ビット汎用レジスタの下位3ビットで指定する．

　　BSET #3, R0L

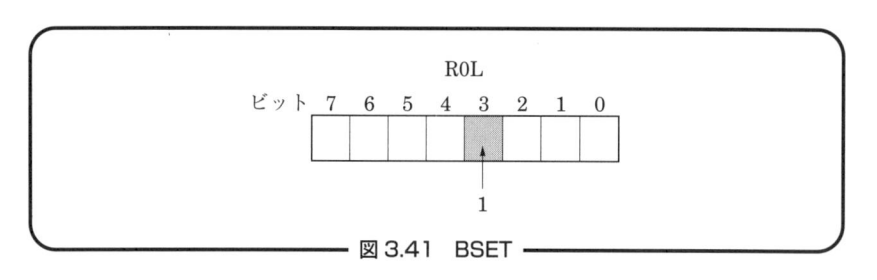

```
                    R0L
        ビット 7 6 5 4 3 2 1 0
              □ □ □ □ ▓ □ □ □
                      ↑
                      1
```

――― 図3.41　BSET ―――

78

3.2 機械語命令の働き

② BCLR(Bit CLeaR)命令

- サイズ　B
- 記述形式

ラベル	ニーモニック	オペランド
[label]	BCLR	#IMM, Rd
[label]	BCLR	Rn, Rd

- 解説

Rdの指定された1ビットを0にクリアする．ビット番号は，#IMM(0〜7)または8ビット汎用レジスタの下位3ビットで指定する．

　　　BCLR　#4, R0L

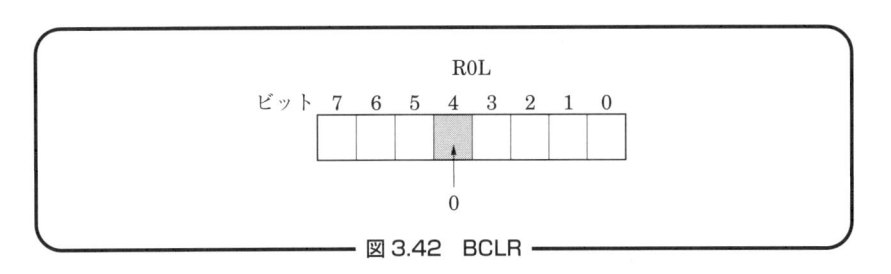

```
                         R0L
          ビット 7  6  5  4  3  2  1  0
                 ┌──┬──┬──┬──┬──┬──┬──┬──┐
                 │  │  │  │  │  │  │  │  │
                 └──┴──┴──┴──┴──┴──┴──┴──┘
                           ↑
                           0
```

図3.42　BCLR

③ BNOT(Bit NOT)命令

- サイズ　B
- 記述形式

ラベル	ニーモニック	オペランド
[label]	BNOT	#IMM, Rd
[label]	BNOT	Rn, Rd

- 解説

Rdの指定された1ビットを反転する．ビット番号は，#IMM(0〜7)または8ビット汎用レジスタの下位3ビットで指定する．

　　　BNOT　#2, R0L

● 第3章　アセンブラ言語 ●

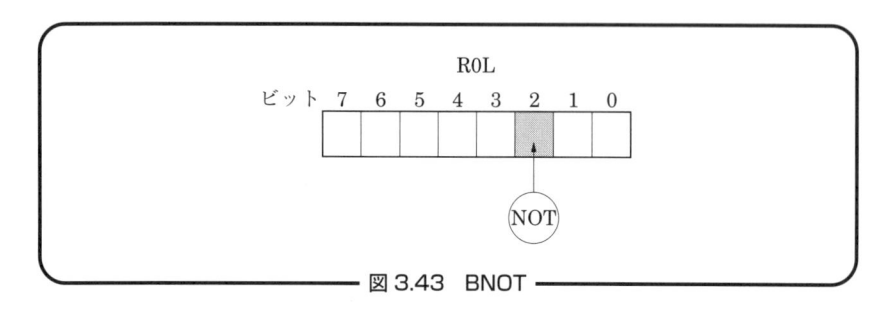

```
                   R0L
        ビット 7  6  5  4  3  2  1  0
              □ □ □ □ □ ■ □ □
                            ↑
                          (NOT)
```

図3.43　BNOT

④ BTST(Bit TeST)命令

- サイズ　B
- 記述形式

ラベル	ニーモニック	オペランド
[label]	BTST	#IMM, Rd
[label]	BTST	Rn, Rd

- 解説

Rdの指定された1ビットの状態を調べて，その結果をフラグZに反映する．指定したビットが0のときZ＝1，それ以外はZ＝0となる．ビット番号は，#IMM(0～7)または8ビット汎用レジスタの下位3ビットで指定する．

　　　　BTST　#5, R0L

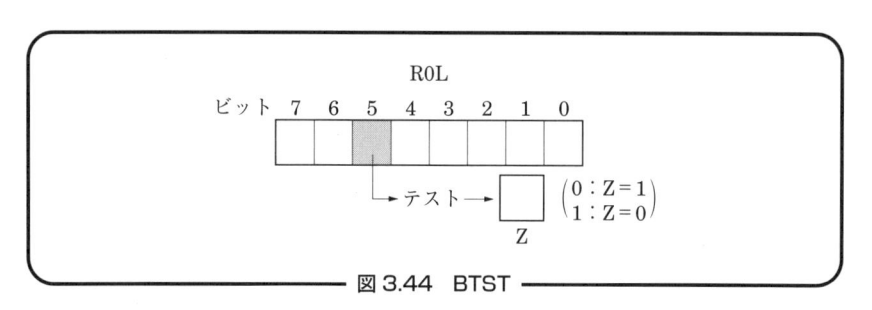

```
                   R0L
        ビット 7  6  5  4  3  2  1  0
              □ □ ■ □ □ □ □ □
                    └→テスト→□  (0 : Z＝1)
                              Z    (1 : Z＝0)
```

図3.44　BTST

● 問3.8の解答

①00110110　②1　③11001101　④1　⑤00110110

⑥1　⑦00110111　⑧1　⑨00110110　⑩1

3.2 機械語命令の働き

⑤ BAND(Bit AND)命令

- サイズ　B
- 記述形式

ラベル	ニーモニック	オペランド
[label]	BAND	#IMM, Rd

- 解説

　Rdの指定された1ビットとCの論理積をとり，その結果をCに格納する．ビット番号は，#IMM(0〜7)で指定する．Rdの内容は変化しない．

　　　BAND　#2, R0L

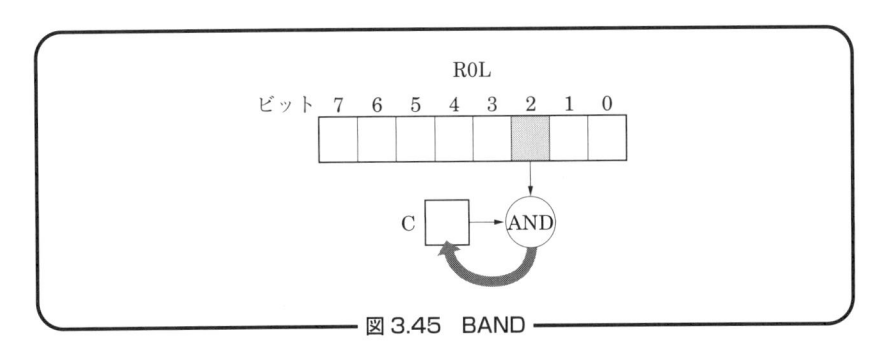

図3.45　BAND

⑥ BIAND(Bit Invert AND)命令

- サイズ　B
- 記述形式

ラベル	ニーモニック	オペランド
[label]	BIAND	#IMM, Rd

- 解説

　Rdの指定された1ビットを反転したものとCの論理積をとり，その結果をCに格納する．ビット番号は，#IMM(0〜7)で指定する．Rdの内容は変化しない．

　　　BIAND　#2, R0L

図3.46 BIAND

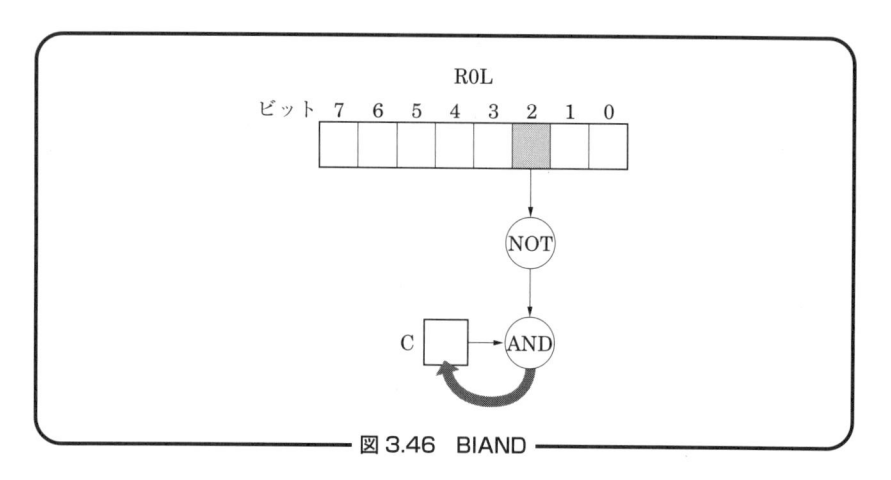

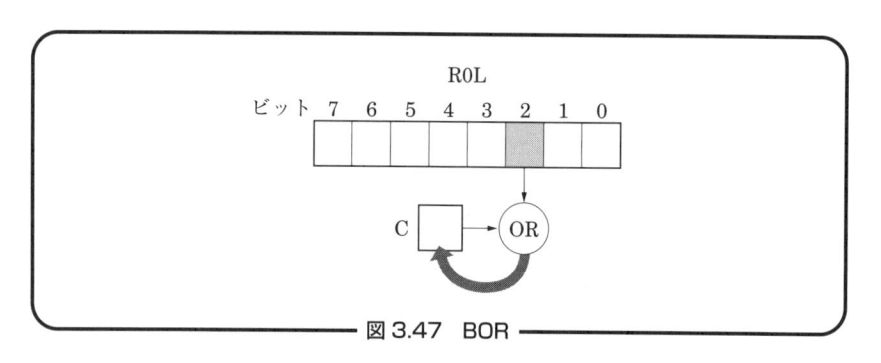

⑦ BOR(Bit inclusive OR)命令

- サイズ　B
- 記述形式

ラベル	ニーモニック	オペランド
[label]	BOR	#IMM, Rd

- 解説

　Rdの指定された1ビットとCの論理和をとり，その結果をCに格納する．ビット番号は，#IMM(0～7)で指定する．Rdの内容は変化しない．

　　　BOR　#2, R0L

図3.47 BOR

● 3.2 機械語命令の働き ●

⑧ BIOR(Bit Invert inclusive OR)命令

- サイズ　B
- 記述形式

ラベル	ニーモニック	オペランド
[label]	BIOR	#IMM, Rd

- 解説

Rdの指定された1ビットを反転したものとCの論理和をとり，その結果をCに格納する．ビット番号は，#IMM(0～7)で指定する．Rdの内容は変化しない．

　　　BIOR　#2, R0L

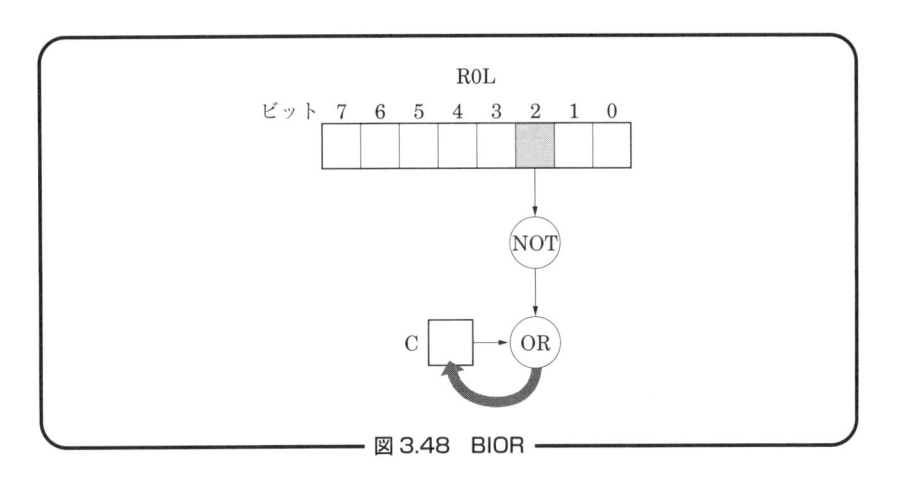

図3.48　BIOR

⑨ BXOR(Bit eXclusive OR)命令

- サイズ　B
- 記述形式

ラベル	ニーモニック	オペランド
[label]	BXOR	#IMM, Rd

- 解説

Rdの指定された1ビットとCの排他的論理和をとり，その結果をCに格納する．ビット番号は，#IMM(0～7)で指定する．Rdの内容は変化しない．

　　　BXOR　#2, R0L

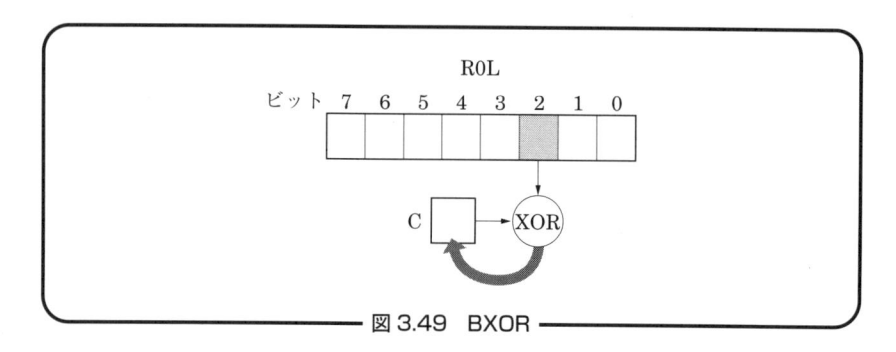

● 第3章　アセンブラ言語 ●

図3.49　BXOR

⑩　BIXOR(Bit Invert eXclusive OR)命令

● サイズ　B

● 記述形式

ラベル	ニーモニック	オペランド
[label]	BIXOR	#IMM, Rd

● 解説

　Rdの指定された1ビットを反転したものとCの排他的論理和をとり,その結果をCに格納する.ビット番号は,#IMM(0〜7)で指定する.Rdの内容は変化しない.

　　BIXOR　#2, R0L

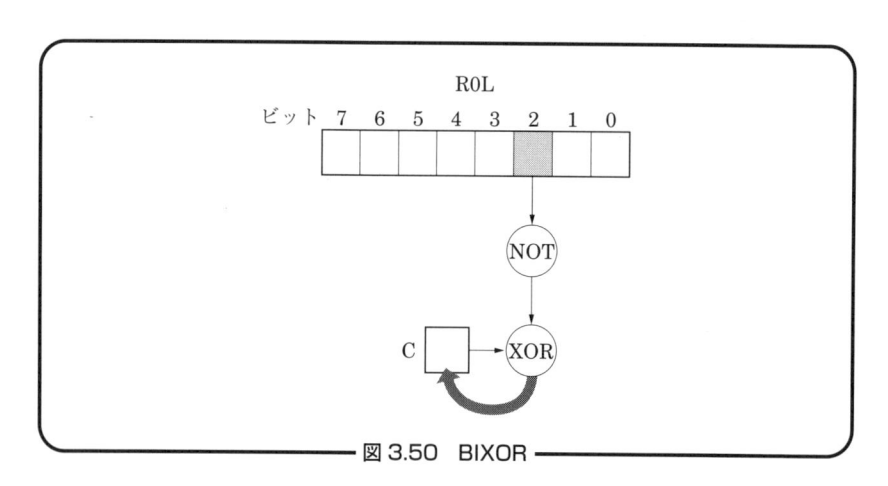

図3.50　BIXOR

⑪ BLD(Bit LoaD)命令

- サイズ B
- 記述形式

ラベル	ニーモニック	オペランド
[label]	BLD	#IMM, Rd

- 解説

Rdの指定された1ビットをCに転送する．ビット番号は，#IMM(0〜7)で指定する．Rdの内容は変化しない．

　　　BLD　#2, R0L

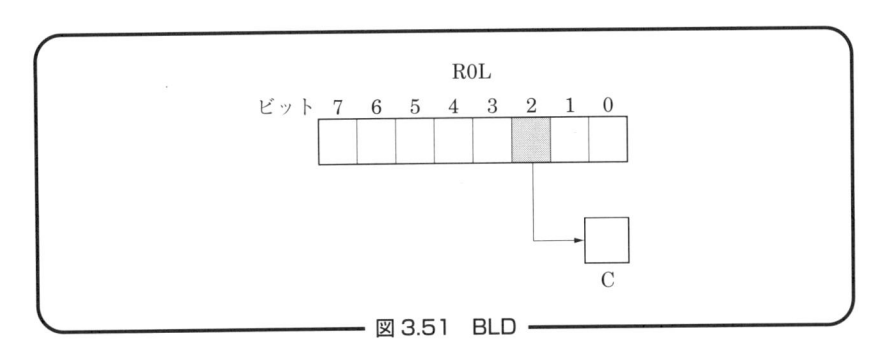

図3.51 BLD

⑫ BILD(Bit Invert LoaD)命令

- サイズ B
- 記述形式

ラベル	ニーモニック	オペランド
[label]	BILD	#IMM, Rd

- 解説

Rdの指定された1ビットを反転したものをCに転送する．ビット番号は，#IMM(0〜7)で指定する．Rdの内容は変化しない．

　　　BILD　#2, R0L

● 第3章　アセンブラ言語 ●

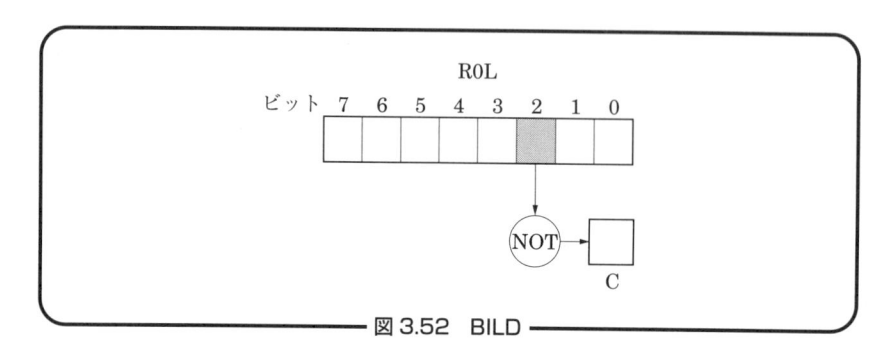

```
                    R0L
       ビット  7 6 5 4 3 2 1 0
              □□□□□▓□□
                       │
                       ▼
                     (NOT)→□
                            C
```
―― 図 3.52　BILD ――

⑬ BST(Bit STore)命令

● サイズ　B

● 記述形式

ラベル	ニーモニック	オペランド
[label]	BST	#IMM, Rd

● 解説

　Rdの指定された1ビットにCの内容を転送する．ビット番号は，#IMM(0～7)で指定する．

　　　BST　#2, R0L

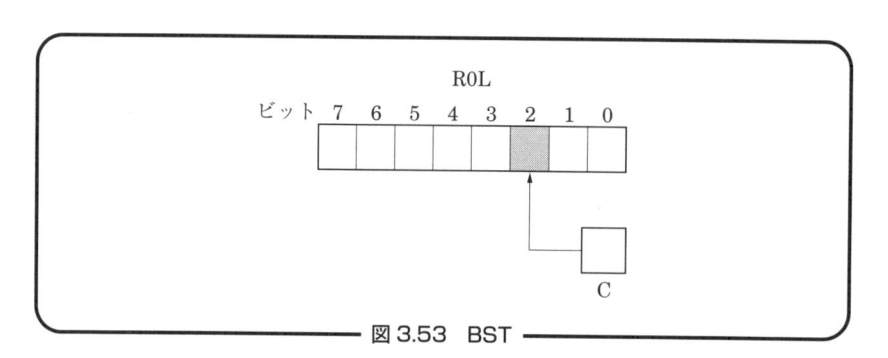

```
                    R0L
       ビット  7 6 5 4 3 2 1 0
              □□□□□▓□□
                       ▲
                       │
                       □
                       C
```
―― 図 3.53　BST ――

⑭ BIST(Bit Invert STore)命令

● サイズ　B

● 3.2 機械語命令の働き

- 記述形式

ラベル	ニーモニック	オペランド
[label]	BIST	#IMM, Rd

- 解説

Rdの指定された1ビットにCの内容を反転した値を転送する．ビット番号は，#IMM(0～7)で指定する．

　　　BIST　#2, R0L

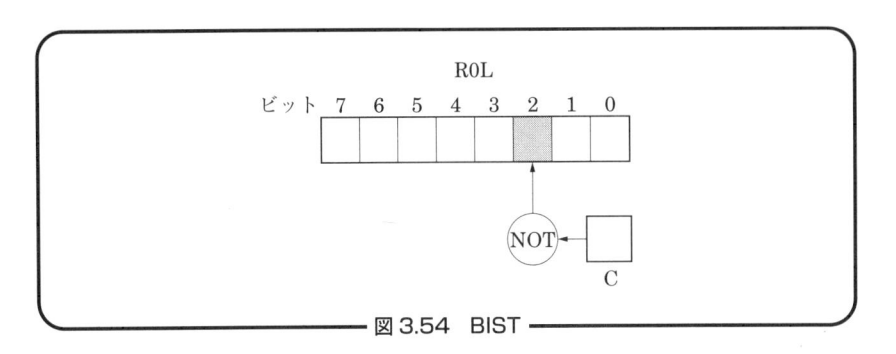

図3.54　BIST

●6. 分岐命令

① Bcc(Branch conditionally)命令

- サイズ　なし
- 記述形式

ラベル	ニーモニック	オペランド
[label]	Bcc	[label]

- 解説

Bccとは，表3.9に示す16種類の条件付き分岐命令の総称である．これらの命令は，図3.55に示すように，CCRの各フラグの状態をチェックして，条件が成立した場合に指定されたアドレスへ分岐する．つまり，直前で実行したアセンブラ命令によって，CCRの各フラグがどのように動作したかで分岐するか否かを決めるのである．

第3章 アセンブラ言語

表3.9 条件付き分岐命令

ニーモニック	意味	分岐条件	対応*
BRA(BT)	Always(True)	常に分岐	
BRN(BF)	Never(False)	分岐しない	
BHI	High	$C+Z=0$	$A>B$ 符号なし
BLS	Low or Same	$C+Z=1$	$A \leq B$ 符号なし
BCC(BHS)	Carry Clear(High or Same)	$C=0$	$A \geq B$ 符号なし
BCS(BLO)	Carry Set(LOw)	$C=1$	$A<B$ 符号なし
BNE	Not Equal	$Z=0$	$A \neq B$
BEQ	EQual	$Z=1$	$A=B$
BVC	oVerflow Clear	$V=0$	
BVS	oVerflow Set	$V=1$	
BPL	Plus	$N=0$	
BMI	MInus	$N=1$	
BGE	Greater or Equal	$N \oplus V=0$	$A \geq B$ 符号あり
BLT	Less Than	$N \oplus V=1$	$A<B$ 符号あり
BGT	Greater Than	$Z+(N \oplus V)=0$	$A>B$ 符号あり
BLE	Less or Equal	$Z+(N \oplus V)=1$	$A \leq B$ 符号あり

＊直前の命令がCMP命令ならば，A＝Rd，B＝Rs

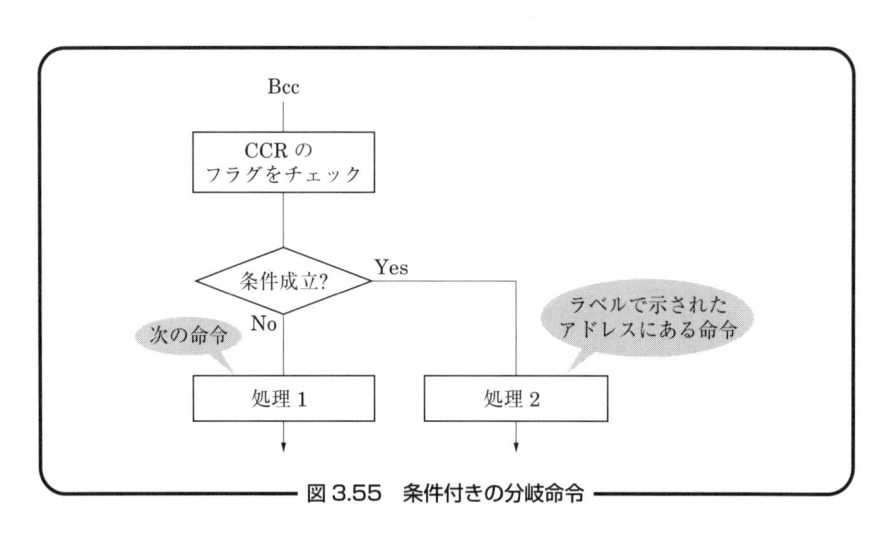

図3.55 条件付きの分岐命令

3.2 機械語命令の働き

Bccのccには，該当する分岐条件に対応する記号を記述する．分岐条件が不成立の場合には次の命令を実行し，成立の場合にはラベルで指定されたアドレスに格納されている命令を実行する．実際には後で説明するプログラムカウンタ相対アドレッシング法によって，分岐先を決めているのだが，アセンブラではラベルが使用できるので，アドレッシング法を意識する必要はない．

次に，いくつかのBcc命令の使用例を示す．

(1)   CMP.B R0L，R0H
    BHI L1
    MOV.B R1L，R1H
    ～
   L1：INC.B R0H

```
                  R0L       A − B      R0H
                 ┌─────┐   ╱CMP╲     ┌─────┐
                 │  B  │──◯     ◯──│  A  │
                 └─────┘   ╲___╱     └─────┘
                              │
                    BHI    ╱─────╲    Yes
                   ◀──────│C+Z=0?│──────┐
                          ╲─────╱        │
                  (A<B)      No       (A>B)
                              │           │
                              ▼           ▼
                    ┌──────────────┐  ┌──────────────┐
                    │  次の命令    │  │ラベルL1にある命令│
                    │MOV.B R1L,R1H │  │  INC.B R0H   │
                    └──────────────┘  └──────────────┘
                              │           │
                              ▼           ▼
                        ─── 図 3.56　BHI ───
```

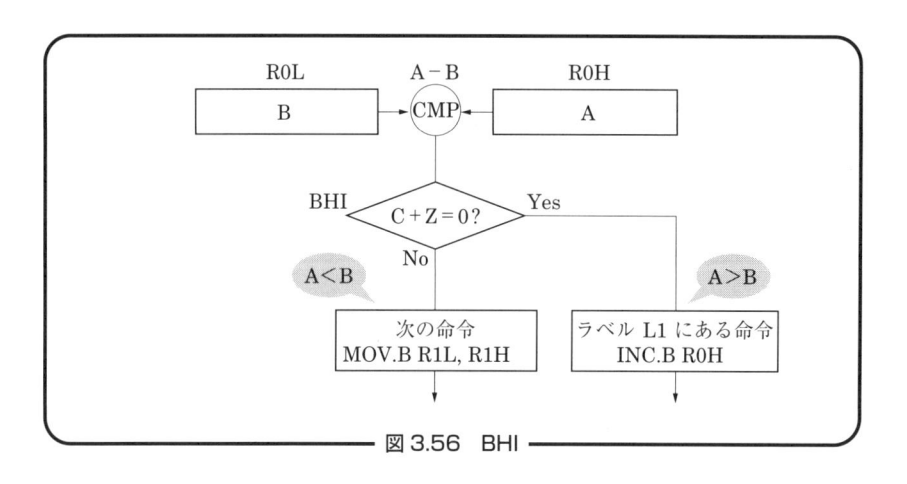

(2)   DEC.B R0L
    BNE L1
    MOV.B R1L，R1H
    ～
   L1：INC.B R0H

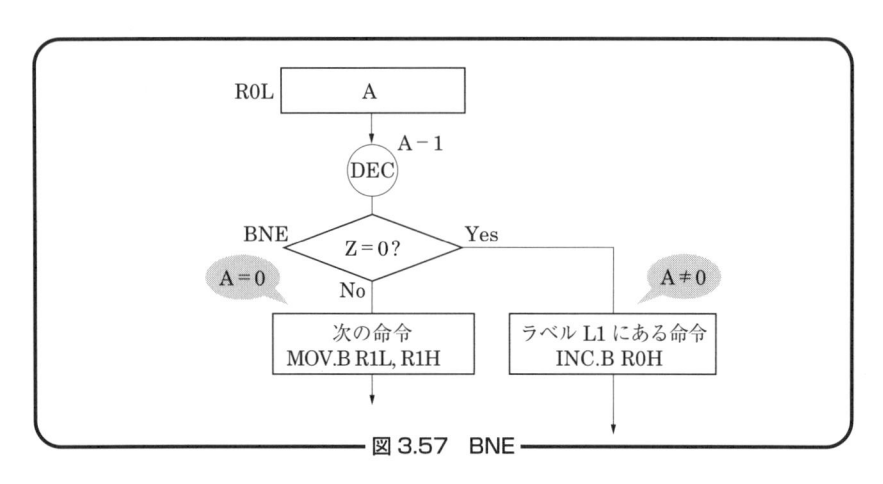

● 第3章 アセンブラ言語 ●

```
R0L  [    A    ]
         ↓
        A - 1
        (DEC)
         ↓
  BNE   ◇ Z = 0? ◇  Yes
 (A = 0)    No      (A ≠ 0)
         ↓              ↓
   次の命令         ラベル L1 にある命令
   MOV.B R1L, R1H    INC.B R0H
         ↓
```
─── 図 3.57 BNE ───

(3)　　　AND.B　R0L, R0H
　　　　BEQ　L1
　　　　MOV.B　R1L, R1H
　　　　　～
　　　L1 : INC.B　R0H

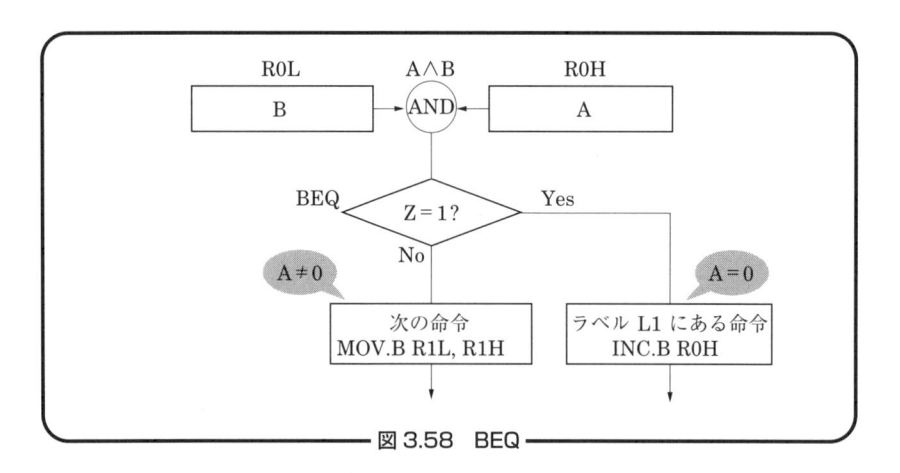

```
    R0L        A∧B       R0H
   [ B ] ← (AND) ← [ A ]
              ↓
  BEQ      ◇ Z = 1? ◇   Yes
 (A ≠ 0)      No         (A = 0)
              ↓              ↓
        次の命令        ラベル L1 にある命令
        MOV.B R1L, R1H   INC.B R0H
              ↓
```
─── 図 3.58 BEQ ───

❷ JMP(JuMP)命令

- サイズ　なし
- 記述形式

ラベル	ニーモニック	オペランド
[label]	JMP	@ERn
[label]	JMP	@label

- 解説

指定された実効アドレスに無条件分岐する．分岐先アドレスは，偶数になるように指定する必要がある．

　　　　JMP　@L1

　　　　～

　　L1：MOV.B　R0L, R0H

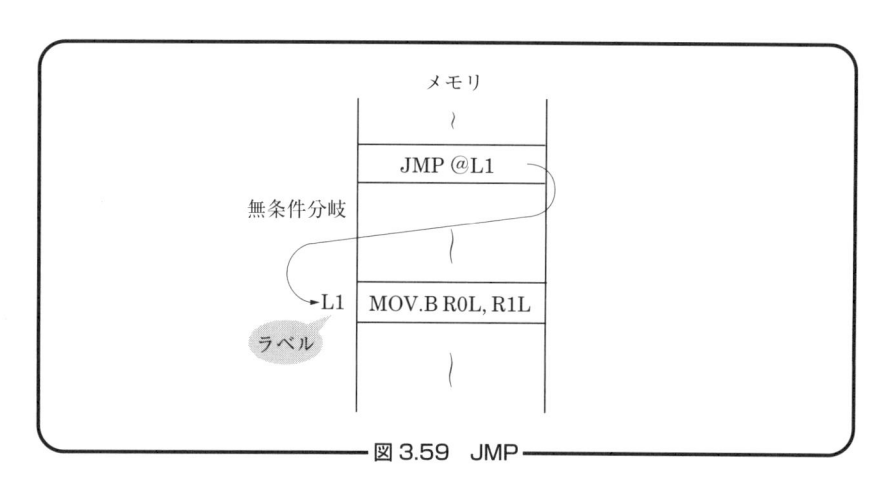

図 3.59　JMP

無条件分岐という点では，BRA命令と同様であるが，BRA命令がPCの値を起点にしてジャンプするのに対して，JMP命令では絶対アドレスで指定した分岐先へ直接ジャンプするという動作の仕方が異なる．したがって，例えば，同じ分岐先L1（ラベル）にジャンプする場合であっても，アセンブラ記述は次のように異なる．

```
BRA  L1
JMP  @L1
```

❸ BSR(Branch to SubRoutine)命令

- サイズ　なし
- 記述形式

ラベル	ニーモニック	オペランド
[label]	BSR	label

- 解説

　指定されたアドレスにサブルーチン分岐する．分岐先アドレスは，偶数になるように指定する必要がある．サブルーチン分岐とは，PCの内容をスタックに退避した後，サブルーチンの書かれている先頭アドレスへ分岐する機能である．退避するPCの内容とは，本命令の直後にある命令の先頭アドレスであり，サブルーチンの実行終了後の戻り番地を示す．

```
        BSR SUB1
         ～
SUB1 : MOV.B R0L, R0H
```

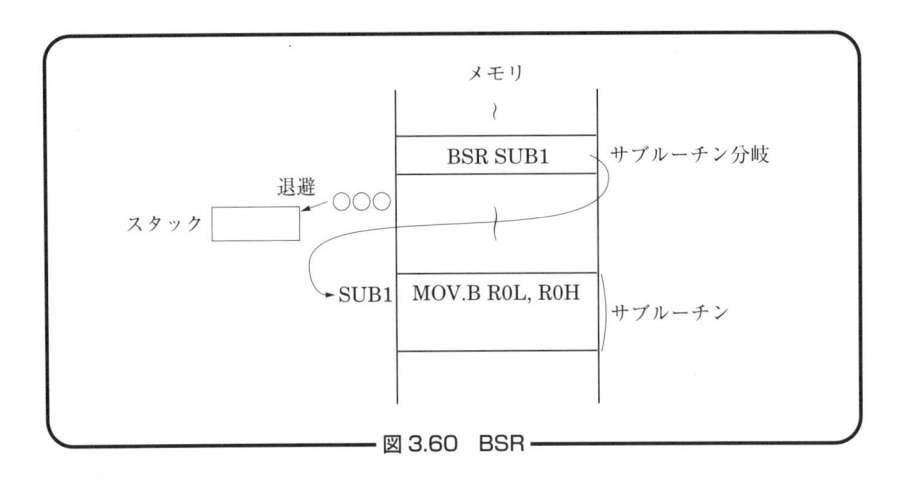

図 3.60　BSR

④ JSR(Jump to SubRoutine)命令

- サイズ　なし
- 記述形式

ラベル	ニーモニック	オペランド
[label]	JSR	@ERn
[label]	JSR	@label

- 解説

本命令の直後にある命令の先頭アドレスをPCに退避し，指定された実効アドレスにサブルーチン分岐する．分岐先アドレスは，偶数になるように指定する必要がある．

```
        JSR   @SUB2
         ～
SUB2 : MOV.B  R0L, R0H
```

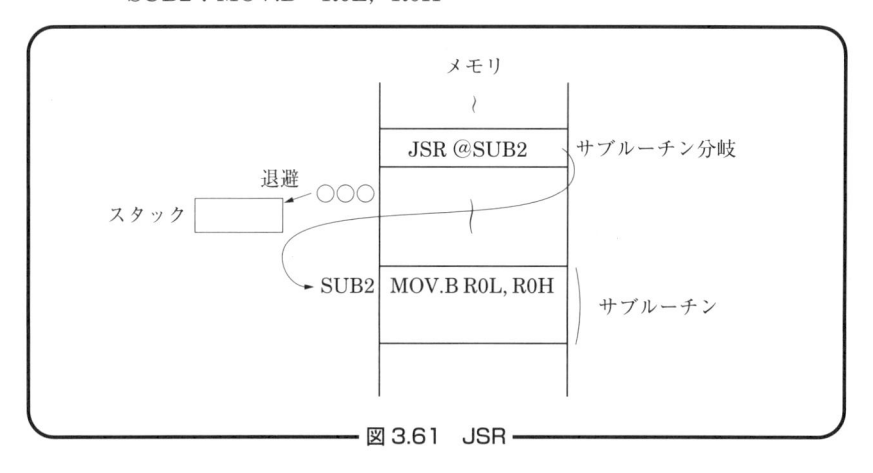

――― 図3.61　JSR ―――

本命令とBSR命令は，BRA命令とJMP命令の関係と同様である．つまり，BSR命令がPCの値を起点にしてジャンプするのに対して，本命令では，絶対アドレスで指定した分岐先へ直接ジャンプする．したがって，例えば，同じサブルーチン分岐先SUB2(ラベル)にジャンプする場合であっても，アセンブラ記述は，次のように異なる．

● 第3章　アセンブラ言語 ●

　　　BSR　SUB2

　　　JSR　@SUB2

❺ RTS(ReTurn from Subroutine)命令

- **サイズ**　なし
- **記述形式**

ラベル	ニーモニック	オペランド
[label]	RTS	

- **解説**

　サブルーチンから復帰する．スタックの値をPCに設定し，PCが示すアドレスの処理を行う．本命令を実行する直前のPCの内容は消失する．オペランドには，何も指定しない．

　　　RTS

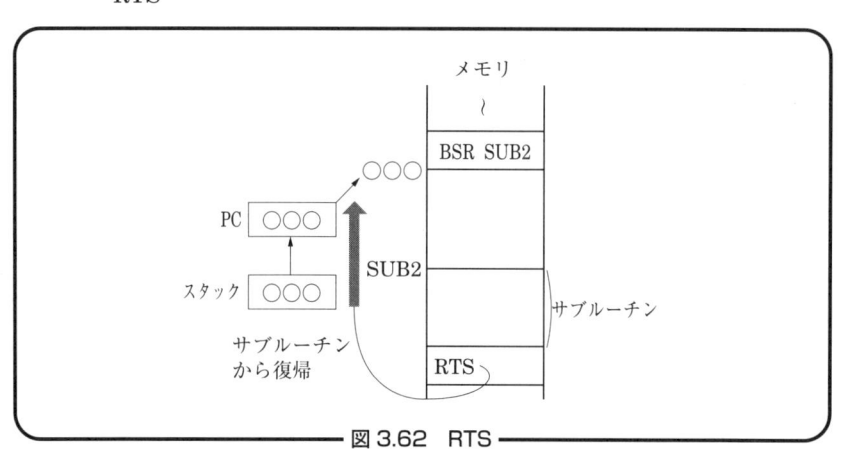

```
図 3.62　RTS
```

◀ 問3.9 ▶

CCRの値が表のようになっている場合に，次の①〜⑯までの分岐命令を実行した．条件が成立して分岐が行われるものは○，そうでないものは×で答えなさい．

CCR	I	UI	H	U	N	Z	V	C
	0	0	0	1	1	0	1	0

①BRA ②BRN ③BHI ④BLS ⑤BCC ⑥BCS ⑦BNE
⑧BEQ ⑨BVC ⑩BVS ⑪BPL ⑫BMI ⑬BGE ⑭BLT
⑮BGT ⑯BLE

7. システム制御命令

1 TRAPA(TRAP Always)命令

- サイズ　なし
- 記述形式

ラベル	ニーモニック	オペランド
[label]	TRAPA	#x

- 解説

PCとCCRをスタックに退避し，割り込みマスクビットとして使用しているフラグIに1をセット(NMI以外の割り込みを禁止)する．退避するPCの値は，本命令の直後にある命令の先頭アドレスである．その後，表3.10に示すように，xの値によって指定されるベクタアドレスの内容が示すアドレスへ分岐する．

表3.10　ベクタアドレス

x	ベクタアドレス（アドバンストモード）
0	H'000020〜H'000023
1	H'000024〜H'000027
2	H'000028〜H'00002B
3	H'00002C〜H'00002F

● 第3章　アセンブラ言語 ●

TRAPA #2

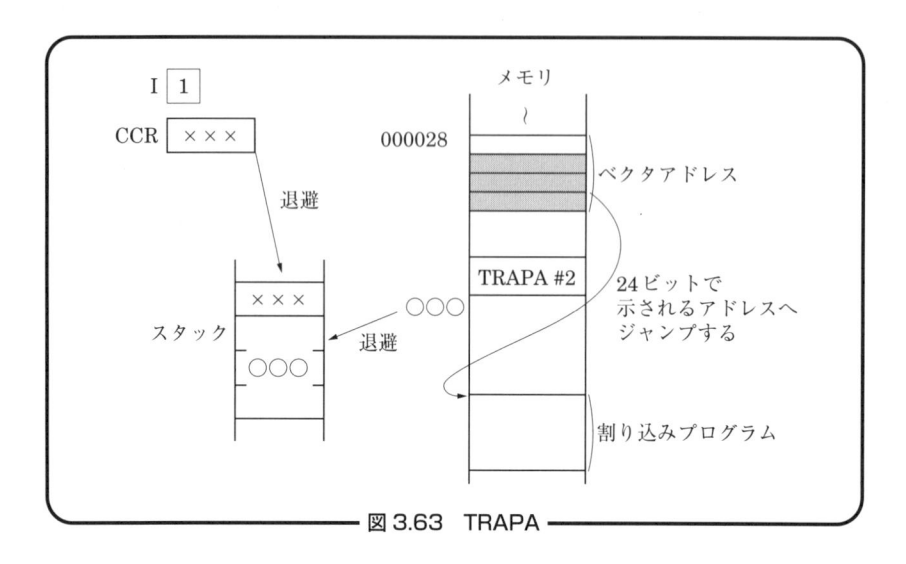

図3.63　TRAPA

② RTE(ReTurn from Exception)命令

- サイズ　なし
- 記述形式

ラベル	ニーモニック	オペランド
[label]	RTE	

- 解説

割り込み処理からの復帰命令である．スタックからPCとCCRを復帰し，PCが示すアドレスから処理を行う．本命令を実行する直前のPCとCCRの内容は消失する．オペランドには，何も記述しない．

　　　RTE

● 問3.9の解答

①○　②×　③○　④×　⑤○　⑥×　⑦○　⑧×　⑨×　⑩○　⑪×　⑫○
⑬○　⑭×　⑮○　⑯×

3.2 機械語命令の働き

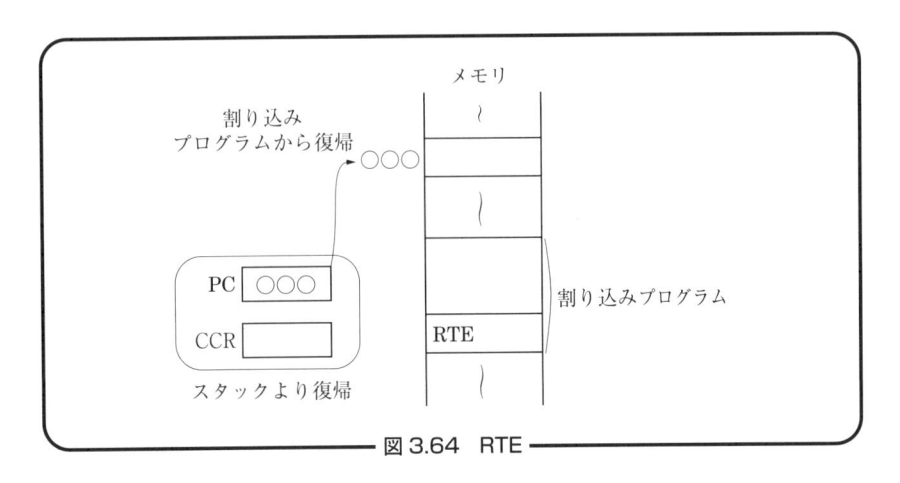

図3.64 RTE

③ SLEEP(SLEEP)

- サイズ　なし
- 記述形式

ラベル	ニーモニック	オペランド
[label]	SLEEP	

- 解説

　CPUは，内部状態を保持したまま，命令の実行を停止し低消費電力状態に入る．そして，有効な割り込み要求が発生すると低消費電力状態を解除し，その割り込み処理を開始する．オペランドには，何も記述しない．
　　　　SLEEP

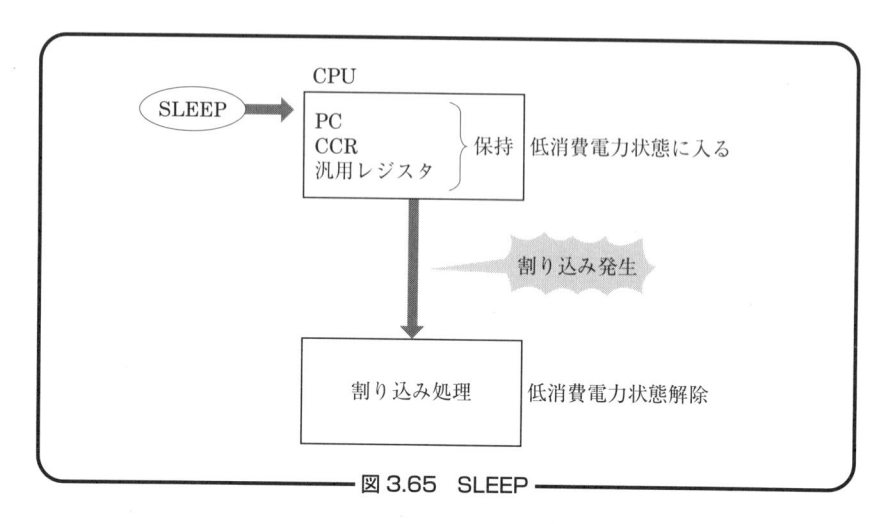

● 第3章　アセンブラ言語 ●

```
          ┌─CPU─────────┐
SLEEP ──▶ │ PC          │
          │ CCR         │保持  低消費電力状態に入る
          │ 汎用レジスタ │
          └─────────────┘
                │   割り込み発生
                ▼
          ┌─────────────┐
          │ 割り込み処理 │  低消費電力状態解除
          └─────────────┘
```

—— 図 3.65　SLEEP ——

❹ LDC(LoaD to Control register)命令

● サイズ　B/W

● 記述形式

ラベル	ニーモニック	オペランド
[label]	LDC.B	#IMM, CCR
[label]	LDC.B	Rs, CCR

● 解説

　指定したデータをCCRへ転送する．CCRは，バイトサイズであるため，LDC.Wを使用した場合には，偶数アドレスの内容8ビットが転送される．本命令の実行終了時点では，NMIを含めすべての割り込みは受け付けられない．

　　　LDC.B　R0L, CCR

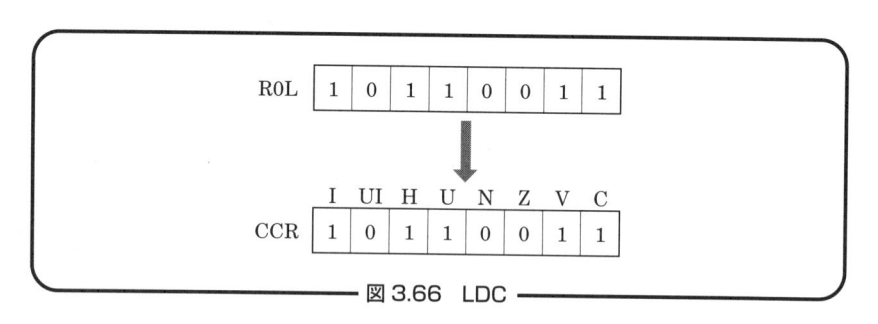

```
R0L │ 1 │ 0 │ 1 │ 1 │ 0 │ 0 │ 1 │ 1 │
              ▼
       I  UI  H  U  N  Z  V  C
CCR │ 1 │ 0 │ 1 │ 1 │ 0 │ 0 │ 1 │ 1 │
```

—— 図 3.66　LDC ——

⑤ STC(STore from Control register)命令

- サイズ　B/W
- 記述形式

ラベル	ニーモニック	オペランド
[label]	STC.B	CCR, Rs

- 解説

CCRの内容をRsに転送する．CCRは，バイトサイズであるため，STC.Wを使用した場合には，偶数アドレスへの転送が行われる．

　　　STC.B　CCR, R0L

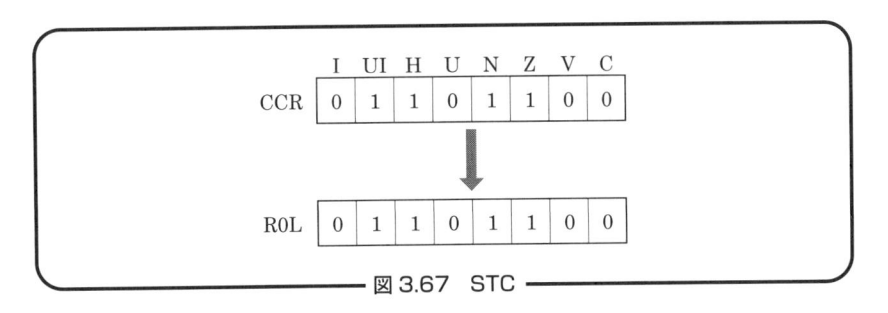

```
          I  UI  H  U  N  Z  V  C
   CCR [ 0 | 1 | 1 | 0 | 1 | 1 | 0 | 0 ]
                     ↓
   R0L [ 0 | 1 | 1 | 0 | 1 | 1 | 0 | 0 ]
```

図3.67　STC

⑥ ANDC(AND Control register)命令

- サイズ　B
- 記述形式

ラベル	ニーモニック	オペランド
[label]	ANDC	#IMM, CCR

- 解説

CCRの内容と#IMMの論理積をとり，結果をCCRに格納する．本命令の実行終了時点では，NMIを含めすべての割り込みは受け付けられない．

　　　ANDC　#H'34, CCR

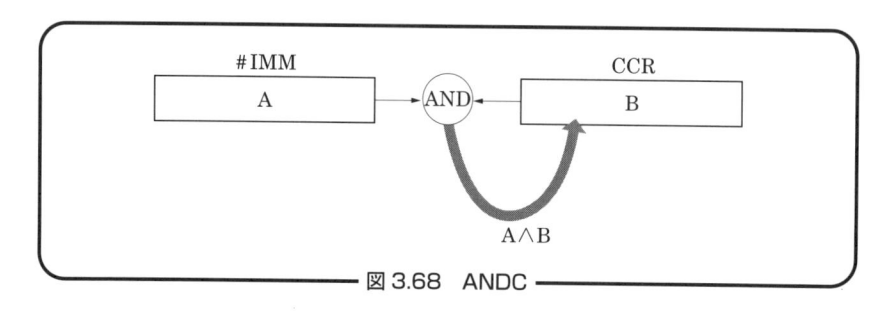

図 3.68 ANDC

7 ORC(inclusive OR Control register)命令

- サイズ B
- 記述形式

ラベル	ニーモニック	オペランド
[label]	ORC	#IMM, CCR

- 解説

CCRの内容と#IMMの論理和をとり，結果をCCRに格納する．本命令の実行終了時点では，NMIを含めすべての割り込みは受け付けられない．

　　　ORC　#H'34, CCR

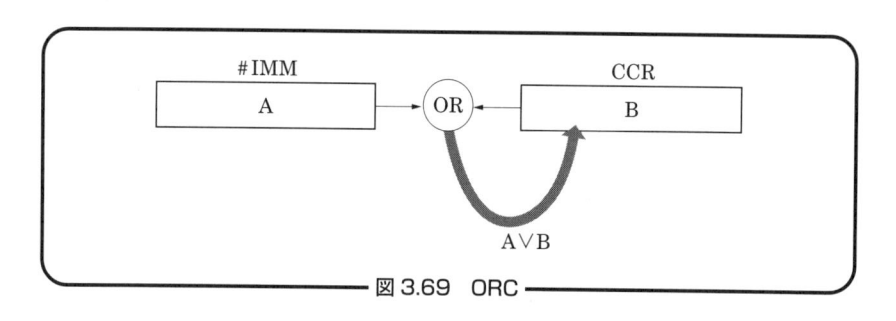

図 3.69 ORC

⑧ XORC(eXclusive OR Control register)命令

- サイズ　B

- 記述形式

ラベル	ニーモニック	オペランド
[label]	XORC	#IMM, CCR

- 解説

　CCRの内容と#IMMの排他的論理和をとり，結果をCCRに格納する．本命令の実行終了時点では，NMIを含めすべての割り込みは受け付けられない．

　　　XORC　#H'34, CCR

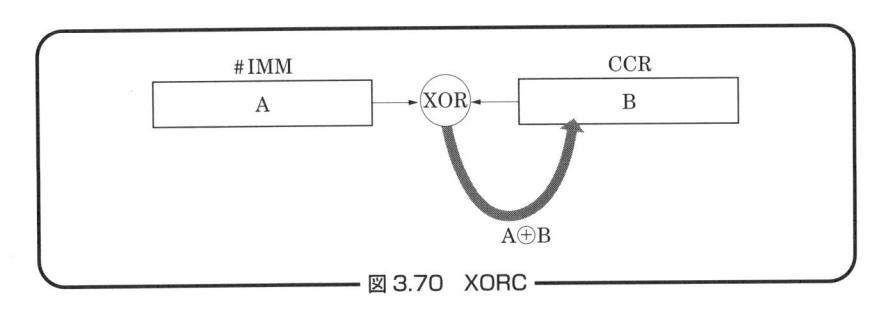

図3.70　XORC

⑨ NOP(No OPeration)命令

- サイズ　なし
- 記述形式

ラベル	ニーモニック	オペランド
[label]	NOP	

- 解説

　PCの増加のみを行い，次の命令を実行する．したがって，実質的には何もしない命令であるが，実行には2サイクルを必要とするので，タイマなどの時間かせぎに使用される．オペランドには，何も記述しない．

　　　NOP

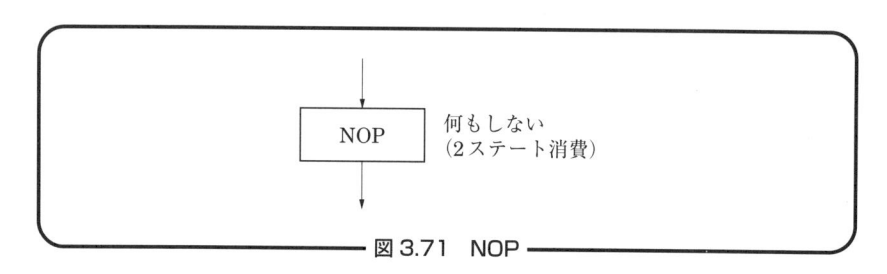

```
┌─────────────────────────────────────────────────────┐
│                      ↓                              │
│                  ┌───────┐   何もしない              │
│                  │  NOP  │   (2ステート消費)         │
│                  └───────┘                          │
│                      ↓                              │
└─────────────────────────────────────────────────────┘
```
── 図 3.71　NOP ──

●8.　ブロック転送命令

❶ EEPMOV(MOVe data to EEPROM)命令

- サイズ　B/W
- 記述形式

ラベル	ニーモニック	オペランド
[label]	EEPMOV.B	

- 解説

ブロック転送命令であり，次のように動作する．

(1)　ER5で示されるアドレスにあるデータをER6で示されるアドレスへ転送する．

(2)　ER5, ER6の値をインクリメント，R4Lの値をデクリメントする．

(3)　R4L（サイズWではR4）の内容が0になるまで，上記動作を繰り返す．

本命令の実行終了時には，R4L(サイズWではR4)は0，ER5とER6は，それぞれ最終アドレス+1の内容を保持している．オペランドには，何も記述しない．

　　　EEPMOV.B

図3.72 EEPMOV

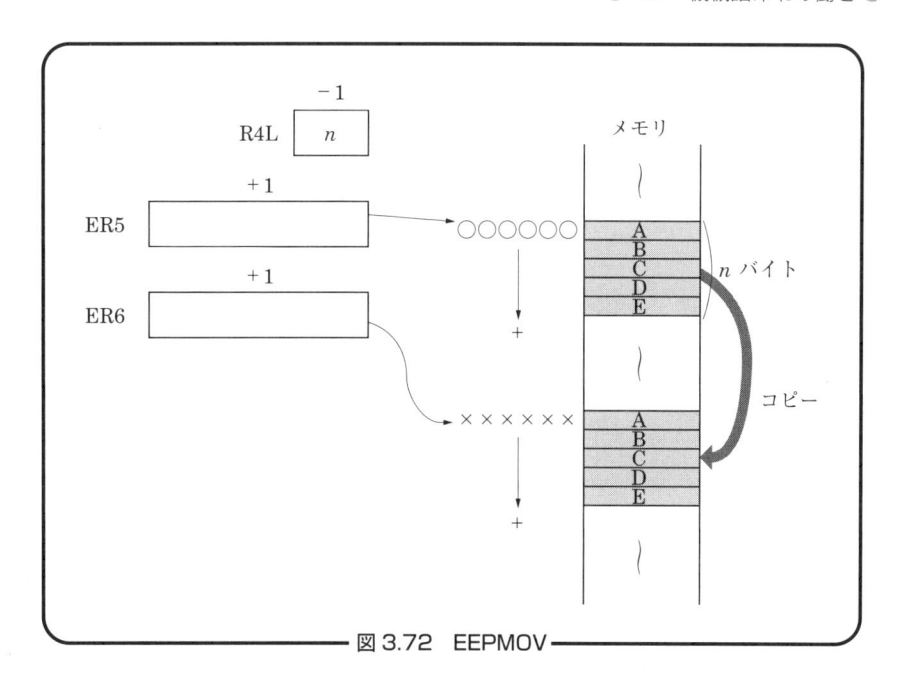

サイズBでは，転送バイト数のカウントに8ビットレジスタR4Lを使用するため，最大255バイトのデータ転送が行われる．一方，サイズWで使用した場合には，16ビットレジスタR4を使用するため，最大65 535バイトのデータ転送が行える．いずれの場合でも，データ転送は，バイトサイズの連続転送となる．

これまで説明したアセンブラ命令は，H8/300Hシリーズで互換性がある．表3.11〜表3.18に命令機能をまとめて示す．

第3章 アセンブラ言語

表3.11 データ転送命令

命 令	サイズ*	機 能
MOV	B/W/L	(EAs)→Rd, Rs→(EAd) 汎用レジスタと汎用レジスタ，または汎用レジスタとメモリ間でデータ転送する． また，イミディエイトデータを汎用レジスタに転送する．
MOVFPE	B	(EAs)→Rd 本LSIでは使用できない．
MOVTPE	B	Rs→(EAs) 本LSIでは使用できない．
POP	W/L	@SP+→Rn スタックから汎用レジスタへデータを復帰する．POP.W Rn は MOV.W @SP+,Rn と，またPOP.L ERn は MOV.L @SP+,ERn と同一である．
PUSH	W/L	Rn→@-SP 汎用レジスタの内容をスタックに退避する．PUSH.W Rn は MOV.W Rn,@-SP と，またPUSH.L ERn は MOV.L ERn,@-SP と同一である．

* サイズはオペランドサイズを表示する．
  B：バイト
  W：ワード
  L：ロングワード

表3.12 算術演算命令

命 令	サイズ*	機 能
ADD SUB	B/W/L	Rd±Rs→Rd, Rd±#IMM→Rd 汎用レジスタと汎用レジスタ，または汎用レジスタとイミディエイトデータ間の加減算を行う（バイトサイズでの汎用レジスタとイミディエイトデータ間の減算はできない．SUBX命令，またはADD命令を使用すること）．
ADDX SUBX	B	Rd±Rs±C→Rd, Rd±#IMM±C→Rd 汎用レジスタと汎用レジスタ，または汎用レジスタとイミディエイトデータ間のキャリ付き加減算を行う．
INC DEC	B/W/L	Rd±1→Rd, Rd±2→Rd 汎用レジスタに1または2を加減算する（バイトサイズの演算では1の加減算のみ可能である）．
ADDS SUBS	L	Rd±1→Rd, Rd±2→Rd, Rd±4→Rd 32ビットレジスタに1, 2または4を加減算する．

● 3.2 機械語命令の働き ●

命　令	サイズ*	機　　能
DAA DAS	B	Rd（10進補正）→Rd 汎用レジスタ上の加減算結果をCCRを参照して4ビットBCDデータに補正する．
MULXU	B/W	Rd×Rs→Rd 汎用レジスタと汎用レジスタ間の符号なし乗算を行う．8ビット×8ビット→16ビット，16ビット×16ビット→32ビットの乗算が可能である．
MULXS	B/W	Rd×Rs→Rd 汎用レジスタと汎用レジスタ間の符号付き乗算を行う．8ビット×8ビット→16ビット，16ビット×16ビット→32ビットの乗算が可能である．
DIVXU	B/W	Rd÷Rs→Rd 汎用レジスタと汎用レジスタ間の符号なし除算を行う．16ビット÷8ビット→商8ビット　余り8ビット，32ビット÷16ビット→商16ビット　余り16ビットの除算が可能である．
DIVXS	B/W	Rd÷Rs→Rd 汎用レジスタと汎用レジスタ間の符号付き除算を行う．16ビット÷8ビット→商8ビット　余り8ビット，32ビット÷16ビット→商16ビット　余り16ビットの除算が可能である．
CMP	B/W/L	Rd－Rs，Rd－#IMM 汎用レジスタと汎用レジスタ，または汎用レジスタとイミディエイトデータ間の比較を行い，その結果をCCRに反映する．
NEG	B/W/L	0－Rd→Rd 汎用レジスタの内容の2の補数（算術的補数）をとる．
EXTU	W/L	Rd（ゼロ拡張）→Rd 16ビットレジスタの下位8ビットをワードサイズにゼロ拡張する．または32ビットレジスタの下位16ビットをロングワードサイズにゼロ拡張する．
EXTS	W/L	Rd（符号拡張）→Rd 16ビットレジスタの下位8ビットをワードサイズに符号拡張する．または32ビットレジスタの下位16ビットをロングワードサイズに符号拡張する．

*　サイズはオペランドサイズを表示する．
　 B：バイト
　 W：ワード
　 L：ロングワード

表3.13　論理演算命令

命　令	サイズ*	機　　能
AND	B/W/L	Rd∧Rs→Rd, Rd∧#IMM→Rd 汎用レジスタと汎用レジスタ，または汎用レジスタとイミディエイトデータ間の論理積をとる．
OR	B/W/L	Rd∨Rs→Rd, Rd∨#IMM→Rd 汎用レジスタと汎用レジスタ，または汎用レジスタとイミディエイトデータ間の論理和をとる．
XOR	B/W/L	Rd⊕Rs→Rd, Rd⊕#IMM→Rd 汎用レジスタ間の排他的論理和，または汎用レジスタとイミディエイトデータの排他的論理和をとる．
NOT	B/W/L	~Rd→Rd 汎用レジスタの内容の1の補数（論理的補数）をとる．

表3.14　シフト命令

命　令	サイズ*	機　　能
SHAL SHAR	B/W/L	Rd（シフト処理）→Rd 汎用レジスタの内容を算術的にシフトする．
SHLL SHLR	B/W/L	Rd（シフト処理）→Rd 汎用レジスタの内容を論理的にシフトする．
ROTL ROTR	B/W/L	Rd（ローテイト処理）→Rd 汎用レジスタの内容をローテイトする．
ROTXL ROTXR	B/W/L	Rd（ローテイト処理）→Rd 汎用レジスタの内容をキャリフラグを含めてローテイトする．

表3.15　ビット操作命令

命　令	サイズ*	機　　能
BSET	B	1→（＜ビット番号＞ of ＜EAd＞） 汎用レジスタまたはメモリのオペランドの指定された1ビットを1にセットする．ビット番号は，3ビットのイミディエイトデータまたは汎用レジスタの内容下位3ビットで指定する．
BCLR	B	0→（＜ビット番号＞ of ＜EAd＞） 汎用レジスタまたはメモリのオペランドの指定された1ビットを0にクリアする．ビット番号は，3ビットのイミディエイトデータまたは汎用レジスタの内容下位3ビットで指定する．
BNOT	B	~（＜ビット番号＞ of ＜EAd＞）→（＜ビット番号＞ of ＜EAd＞） 汎用レジスタまたはメモリのオペランドの指定された1ビットを反転する．ビット番号は，3ビットのイミディエイトデータまたは汎用レジスタの内容下位3ビットで指定する．

3.2 機械語命令の働き

命　令	サイズ*	機　　能
BTST	B	～(\<ビット番号\> of \<EAd\>)→Z 汎用レジスタまたはメモリのオペランドの指定された1ビットをテストし，ゼロフラグに反映する．ビット番号は，3ビットのイミディエイトデータまたは汎用レジスタの内容下位3ビットで指定する．
BAND	B	C∧(\<ビット番号\> of \<EAd\>)→C 汎用レジスタまたはメモリのオペランドの指定された1ビットとキャリフラグとの論理積をとり，キャリフラグに結果を格納する．
BIAND	B	C∧[～(\<ビット番号\> of \<EAd\>)]→C 汎用レジスタまたはメモリのオペランドの指定された1ビットを反転し，キャリフラグとの論理積をとり，キャリフラグに結果を格納する．ビット番号は，3ビットのイミディエイトデータで指定する．
BOR	B	C∨(\<ビット番号\> of \<EAd\>)→C 汎用レジスタまたはメモリのオペランドの指定された1ビットとキャリフラグとの論理和をとり，キャリフラグに結果を格納する．
BIOR	B	C∨[～(\<ビット番号\> of \<EAd\>)]→C 汎用レジスタまたはメモリのオペランドの指定された1ビットを反転し，キャリフラグとの論理和をとり，キャリフラグに結果を格納する．ビット番号は，3ビットのイミディエイトデータで指定する．
BXOR	B	C⊕(\<ビット番号\> of \<EAd\>)→C 汎用レジスタまたはメモリのオペランドの指定された1ビットとキャリフラグとの排他的論理和をとり，キャリフラグに結果を格納する．
BIXOR	B	C⊕[～(\<ビット番号\> of \<EAd\>)]→C 汎用レジスタまたはメモリのオペランドの指定された1ビットを反転し，キャリフラグとの排他的論理和をとり，キャリフラグに結果を格納する．ビット番号は，3ビットのイミディエイトデータで指定する．
BLD	B	(\<ビット番号\> of \<EAd\>)→C 汎用レジスタまたはメモリのオペランドの指定された1ビットをキャリフラグに転送する．
BILD	B	～(\<ビット番号\> of \<EAd\>)→C 汎用レジスタまたはメモリのオペランドの指定された1ビットを反転し，キャリフラグに転送する．ビット番号は，3ビットのイミディエイトデータで指定する．
BST	B	C→(\<ビット番号\> of \<EAd\>) 汎用レジスタまたはメモリのオペランドの指定された1ビットにキャリフラグの内容を転送する．
BIST	B	C→～(\<ビット番号\> of \<EAd\>) 汎用レジスタまたはメモリのオペランドの指定された1ビットに，反転されたキャリフラグの内容を転送する．ビット番号は，3ビットのイミディエイトデータで指定する．

表3.16　分岐命令

命　令	サイズ	機　　能
Bcc*	-	指定した条件が成立しているとき，指定したアドレスへ分岐する．分岐条件を下表に示す．

ニーモニック	説　　明	分岐条件
BRA (BT)	Always (True)	Always
BRN (BF)	Never (False)	Never
BHI	High	$C \vee Z = 0$
BLS	Low or Same	$C \vee Z = 1$
BCC (BHS)	Carry Clear (High or Same)	$C = 0$
BCS (BLO)	Carry Set (LOw)	$C = 1$
BNE	Not Equal	$Z = 0$
BEQ	EQual	$Z = 1$
BVC	oVerflow Clear	$V = 0$
BVS	oVerflow Set	$V = 1$
BPL	PLus	$N = 0$
BMI	MInus	$N = 1$
BGE	Greater or Equal	$N \oplus V = 0$
BLT	Less Than	$N \oplus V = 1$
BGT	Greater Than	$Z \vee (N \oplus V) = 0$
BLE	Less or Equal	$Z \vee (N \oplus V) = 1$

命　令	サイズ	機　　能
JMP	-	指定したアドレスへ無条件に分岐する．
BSR	-	指定したアドレスへサブルーチン分岐する．
JSR	-	指定したアドレスへサブルーチン分岐する．
RTS	-	サブルーチンから復帰する．

＊　Bcc命令は条件分岐命令の総称である．

3.2 機械語命令の働き

表3.17 システム制御命令

命 令	サイズ*	機 能
TRAPA	−	命令トラップ例外処理を行う．
RET	−	例外処理ルーチンから復帰する．
SLEEP	−	低消費電力状態に遷移する．
LDC	B/W	(EAs)→CCR ソースオペランドをCCRに転送する．CCRはバイトサイズであるが，メモリからの転送のときデータのリードはワードサイズで行われる．
STC	B/W	CCR→(EAd) CCRの内容をデスティネーションのロケーションに転送する．CCRはバイトサイズであるが，メモリへの転送のときデータのライトはワードサイズで行われる．
ANDC	B	CCR∧#IMM→CCR CCRとイミディエイトデータの論理積をとる．
ORC	B	CCR∨#IMM→CCR CCRとイミディエイトデータの論理和をとる．
XORC	B	CCR⊕#IMM→CCR CCRとイミディエイトデータの排他的論理和をとる．
NOP	−	PC+2→PC PCのインクリメントだけを行う．

* サイズはオペランドサイズを表示する．
　B：バイト
　W：ワード

表3.18 ブロック転送命令

命 令	サイズ	機 能
EEPMOV.B	−	if R4L≠0 then Repeat @ER5+→@ER6+, R4L−1→R4L Until R4L=0 else next;
EEPMOV.W	−	if R4≠0 then Repeat @ER5+→@ER6+, R4−1→R4 Until R4=0 else next; ブロック転送命令である．ER5で表示されるアドレスから始まり，R4LまたはR4で指定されるバイト数のデータを，ER6で示されるアドレスのロケーションへ転送する．転送終了後，次の命令を実行する．

109

3.3 アドレッシング

アドレッシングとは，実際にアクセスするメモリのアドレス（実効アドレス）や操作対象とするデータの指定方法のことである．H8/300Hでは，表3.19に示す8種類のアドレッシングモードが使用できる．

表3.19 アドレッシングモード一覧

No.	アドレッシングモード	記号
1	レジスタ直接	Rn
2	レジスタ間接	@ERn
3	ディスプレースメント付きレジスタ間接	@(d:16, ERn)／@(d:24, ERn)
4	ポストインクリメントレジスタ間接 プリデクリメントレジスタ間接	@ERn+ @-ERn
5	絶対アドレス	@aa:8／@aa:16／@aa:24
6	イミディエイト	#xx:8／#xx:16／#xx:32
7	プログラムカウンタ相対	@(d:8, PC)／@(d:16, PC)
8	メモリ間接	@@aa:8

(1) レジスタ直接（Rn）

レジスタ直接アドレッシングは，レジスタフィールドで指定したレジスタの内容をオペランドとして直接操作する（図3.73）．

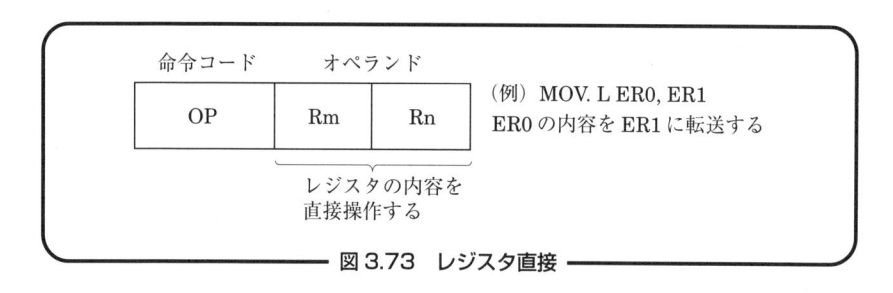

図3.73 レジスタ直接

(2) レジスタ間接（@ERn）

レジスタフィールドで指定したレジスタERnの下位24ビットを実効アドレスとして使用する（図3.74）．

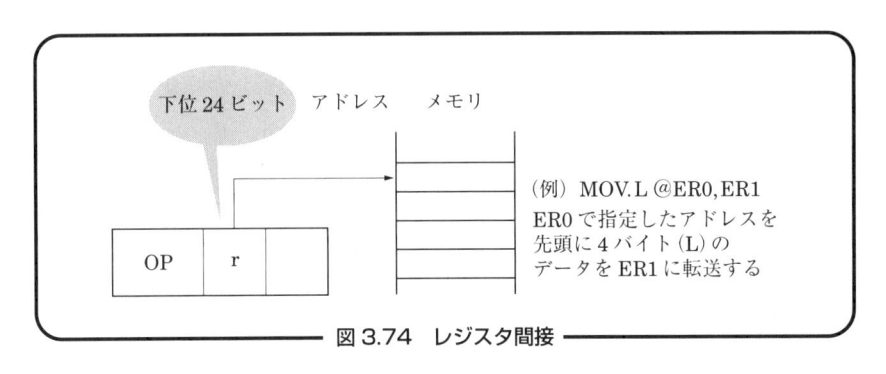

図3.74 レジスタ間接

（例）MOV.L @ER0,ER1
ER0で指定したアドレスを
先頭に4バイト（L）の
データをER1に転送する

（下位24ビット アドレス メモリ）

（3） ディスプレースメント付きレジスタ間接（@(d:16,ERn)／@(d:24,ERn)）

ディスプレースメントとは，ある起点からの相対的な変化量のことである．例えば，配列データはメモリ領域に連続して格納されている．このような場合には，配列の先頭アドレスを起点にして，そこからどれだけ離れているかを指定してデータをアクセスできれば便利である．

ディスプレースメント付きレジスタ間接アドレッシングでは，レジスタフィールドで指定したレジスタERnの内容に，16ビットまたは24ビットのディスプレースメントの値を加算した内容の下位24ビットを実効アドレスとして使用する（図3.75）．

また，ディスプレースメントが16ビットのときには，符号拡張される．符号拡張とは，元のデータ（16ビット）の最上位ビット（MSB）を符号ビットとして，拡張後（32ビット）の上位ビット（ビット15〜31）にコピーする操作のことである．

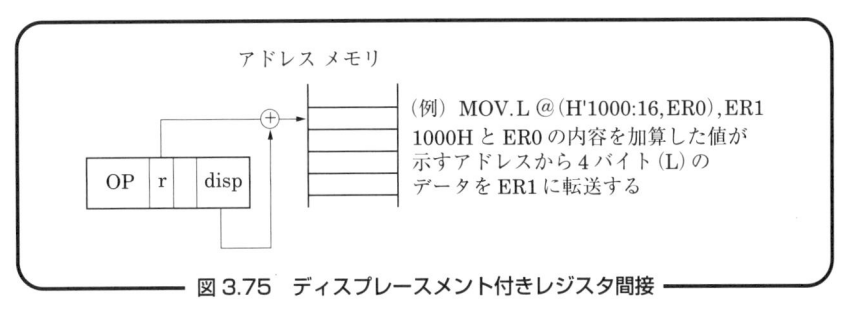

図3.75 ディスプレースメント付きレジスタ間接

（例）MOV.L @(H'1000:16,ER0),ER1
1000HとER0の内容を加算した値が
示すアドレスから4バイト（L）の
データをER1に転送する

（4） ポストインクリメントレジスタ間接／プリデクリメントレジスタ間接

● ポストインクリメントレジスタ間接（@ERn+）

● 第3章　アセンブラ言語 ●

　レジスタフィールドで指定するレジスタERnの内容の下位24ビットを実効アドレスとして使用する（図3.76）．その後，レジスタの内容に数値を加算する．加算する数値は，バイトサイズでは1，ワードサイズでは2，ロングワードサイズでは4となる．また，ワードサイズとロングワードサイズでは，レジスタの内容を偶数にする必要がある．

```
                    アドレス　メモリ
                                （例）MOV.L @ER0+,ER1
                                ER0で示すアドレスから4バイト(L)
                                のデータをER1に転送した後，
   OP    r                       ER0は4インクリメント(加算)
                                される

              ⊕
                   実効アドレスを
           1,2,4   決めた後に加算
```

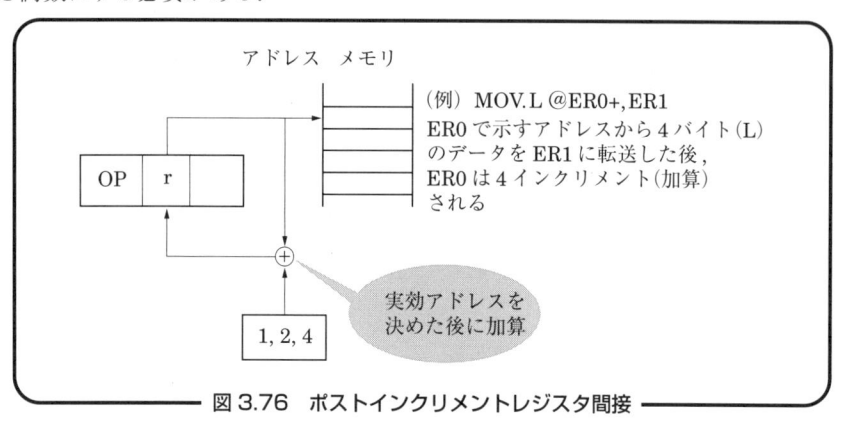

図 3.76　ポストインクリメントレジスタ間接

● プリデクリメントレジスタ間接（@-ERn）

　レジスタフィールドで指定するレジスタERnの内容から1，2または4を引いた値の下位24ビットを実効アドレスとし使用する（図3.77）．引いた後の値は，レジスタに格納される．引く数値は，バイトサイズでは1，ワードサイズでは2，ロングワードサイズでは4となる．また，ワードサイズとロングワードサイズでは，レジスタの内容を偶数にする必要がある．

```
         実効アドレス
         は減算後の値   アドレス　メモリ
                                （例）MOV.L @-ER0,ER1
               ⊖                ER0から4(L)を引いた
                                値の示すアドレスから
   OP    r                       4バイト(L)のデータを
                                ER1に転送する
           1,2,4
```

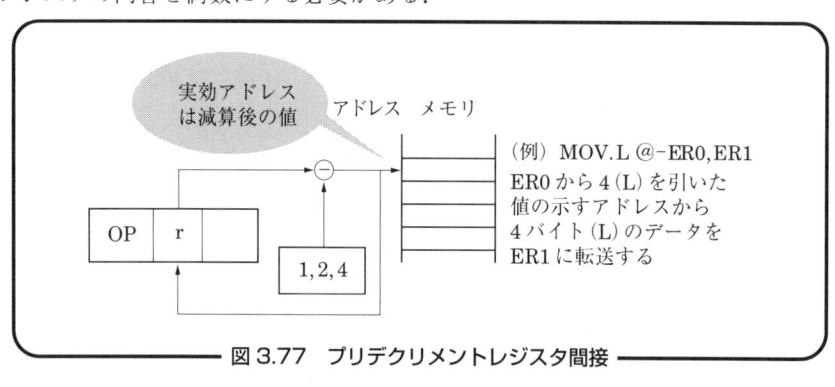

図 3.77　プリデクリメントレジスタ間接

3.3 アドレッシング

(5) 絶対アドレス (@aa:8／@aa:16／@aa:24)

命令コードに含まれるアドレス値を実効アドレスとして使用する．アドレス値が8ビットのときには，上位16ビットすべてに"1"がセットされ，16ビットのときには，上位8ビットが符号拡張（前述(3)参照）される．そして，24ビットのときには全アドレスをアクセスすることができる（図3.78）．

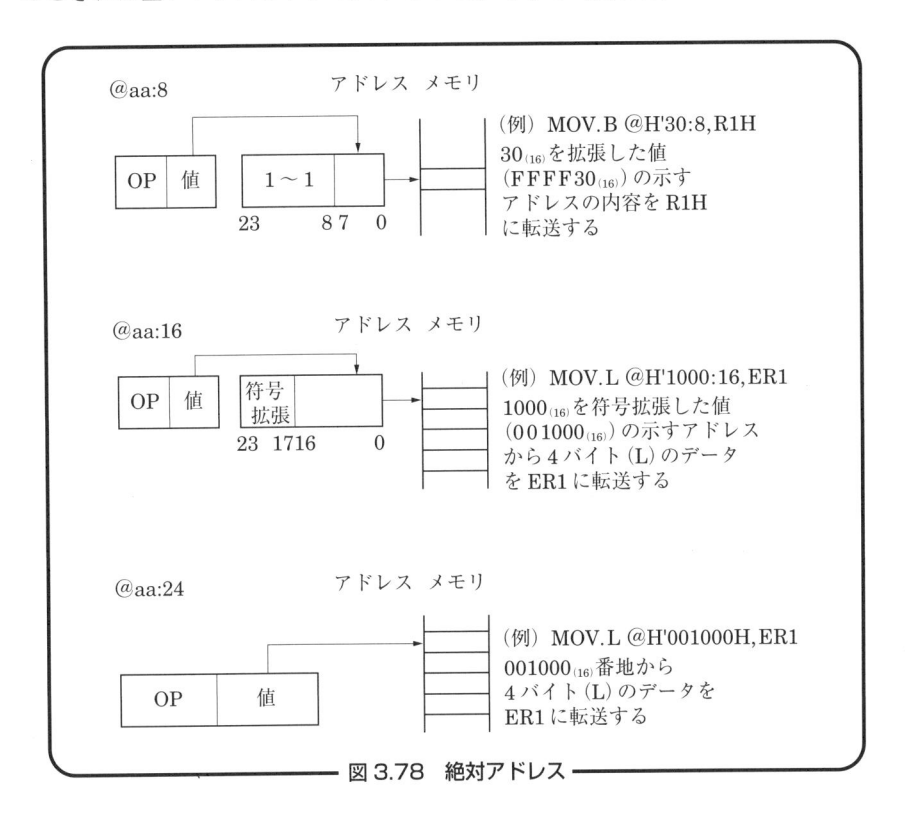

@aa:8

（例）MOV.B @H'30:8, R1H
$30_{(16)}$ を拡張した値
($FFFF30_{(16)}$) の示す
アドレスの内容を R1H
に転送する

@aa:16

（例）MOV.L @H'1000:16, ER1
$1000_{(16)}$ を符号拡張した値
($001000_{(16)}$) の示すアドレス
から4バイト (L) のデータ
を ER1 に転送する

@aa:24

（例）MOV.L @H'001000H, ER1
$001000_{(16)}$ 番地から
4バイト (L) のデータを
ER1 に転送する

図3.78 絶対アドレス

(6) イミディエイト (#xx8／#xx:16／#xx:32)

イミディエイト (immediate) とは，「即時に」という意味である．コンピュータ用語としては，即値（そくち）と訳されている．この意味が示すように，オペランドに記述した値をそのまま扱う方法である（図3.79）．即値データは，頭に#を付けて表す．

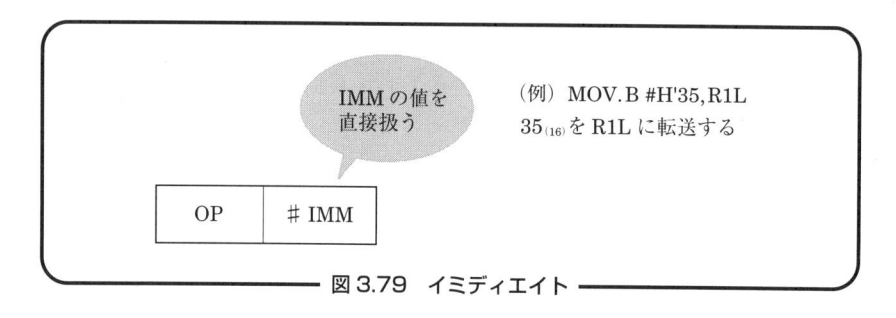

```
                    ┌──────────────┐
                    │ IMM の値を    │   （例）MOV.B #H'35,R1L
                    │ 直接扱う      │   35₍₁₆₎を R1L に転送する
                    └──────────────┘

                   ┌─────┬─────┐
                   │ OP  │ #IMM│
                   └─────┴─────┘
```

図3.79　イミディエイト

(7) プログラムカウンタ相対（@(d:8, PC)／@(d:16, PC)）

PCの内容に，命令コードに記述した8ビットまたは16ビットのディスプレースメントの値を加算した結果を実効アドレスとして使用する（図3.80）．ディスプレースメントは，24ビットに符号拡張される．加算結果は，偶数にする必要がある．条件分岐命令とBSR命令で使用できるアドレッシングモードである．

```
                          アドレス  メモリ    （例）
                                              BSR L1
                                               ～
                                              L1 ADD.W R0,E1
                                               ～
              ┌─────┬─────┐                   通常は分岐点先の
              │ OP  │ disp│                   ラベルを使用する
              └─────┴─────┘
                     ┌────┐
                     │ PC │
                     └────┘
```

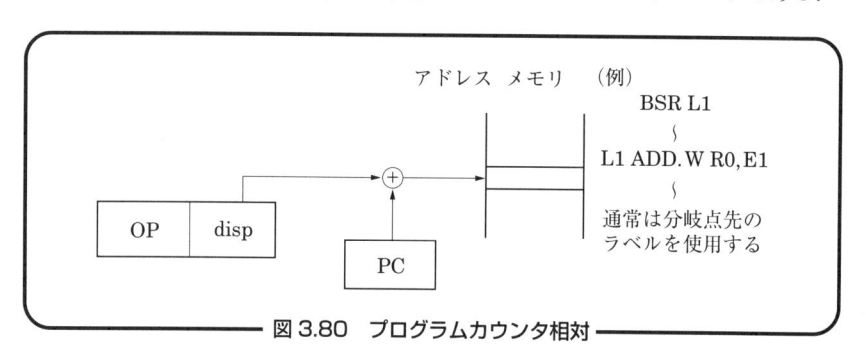

図3.80　プログラムカウンタ相対

(8) メモリ間接（@@aa:8）

命令コードに記述した8ビットの値を絶対アドレスとしてメモリをアクセスする．そして，アクセスしたメモリの内容の上位24ビットを実効アドレスとして使用する．絶対アドレスで指定できるメモリのアドレスは，0〜255（00₍₁₆₎〜FF₍₁₆₎）である．JMP命令とJSR命令で使用できるアドレッシングモードである（図3.81）．

3.3 アドレッシング

アドレス　メモリ　　（例）JSR @@H'F8
$F9_{(16)} \sim FB_{(16)}$ 番地のデータを分岐先アドレスとする

$00_{(16)} \sim FF_{(16)}$

24 ビット

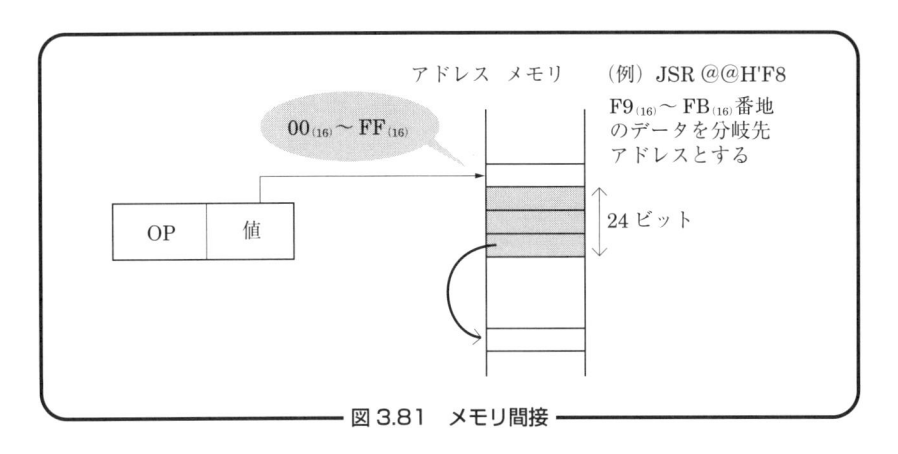

OP　値

図3.81　メモリ間接

表3.20に，命令とアドレッシングモードの組み合せを示す．

表3.20 命令とアドレッシングモードの組み合せ

機能	命令	#xx	Rn	@ERn	@(d:16,ERn)	@(d:24,ERn)	@ERn+/@-ERn	@aa:8	@aa:16	@aa:24	@(d:8,PC)	@(d:16,PC)	@@aa:8	—
データ転送命令	MOV	BWL	BWL	BWL	BWL	BWL	BWL	B	BWL	BWL	—	—	—	—
	POP, PUSH	—	—	—	—	—	—	—	—	—	—	—	—	WL
算術演算命令	ADD, CMP	BWL	BWL	—	—	—	—	—	—	—	—	—	—	—
	SUB	WL	BWL	—	—	—	—	—	—	—	—	—	—	—
	ADDX, SUBX	B	B	—	—	—	—	—	—	—	—	—	—	—
	ADDS, SUBS	—	L	—	—	—	—	—	—	—	—	—	—	—
	INC, DEC	—	BWL	—	—	—	—	—	—	—	—	—	—	—
	DAA, DAS	—	B	—	—	—	—	—	—	—	—	—	—	—
	MULXU MULXS DIVXU DIVXS	—	BW	—	—	—	—	—	—	—	—	—	—	—
	NEG	—	BWL	—	—	—	—	—	—	—	—	—	—	—
	EXTU, EXTS	—	WL	—	—	—	—	—	—	—	—	—	—	—
論理演算命令	AND, OR, XOR	BWL	BWL	—	—	—	—	—	—	—	—	—	—	—
	NOT	—	BWL	—	—	—	—	—	—	—	—	—	—	—
	シフト命令	—	BWL	—	—	—	—	—	—	—	—	—	—	—
	ビット操作命令	—	B	B	—	—	—	B	—	—	—	—	—	—
分岐命令	Bcc, BSR	—	—	—	—	—	—	—	—	—	○	○	—	—
	JMP, JSR	—	—	○	—	—	—	—	○	—	—	○	—	—
	RTS	—	—	—	—	—	—	—	—	—	—	—	—	○
システム制御命令	TRAPA	—	—	—	—	—	—	—	—	—	—	—	—	○
	RTE	—	—	—	—	—	—	—	—	—	—	—	—	○
	SLEEP	—	—	—	—	—	—	—	—	—	—	—	—	○
	LDC	B	B	W	W	W	W	—	W	W	—	—	—	—
	STC	—	B	W	W	W	W	—	W	W	—	—	—	—
	ANDC, ORC, XORC	B	—	—	—	—	—	—	—	—	—	—	—	—
	NOP	—	—	—	—	—	—	—	—	—	—	—	—	○
	ブロック転送命令	—	—	—	—	—	—	—	—	—	—	—	—	BW

3.4 アセンブル例

リスト1に，H8/3048Fのポート1に接続したLEDを点灯するプログラム例を示す．

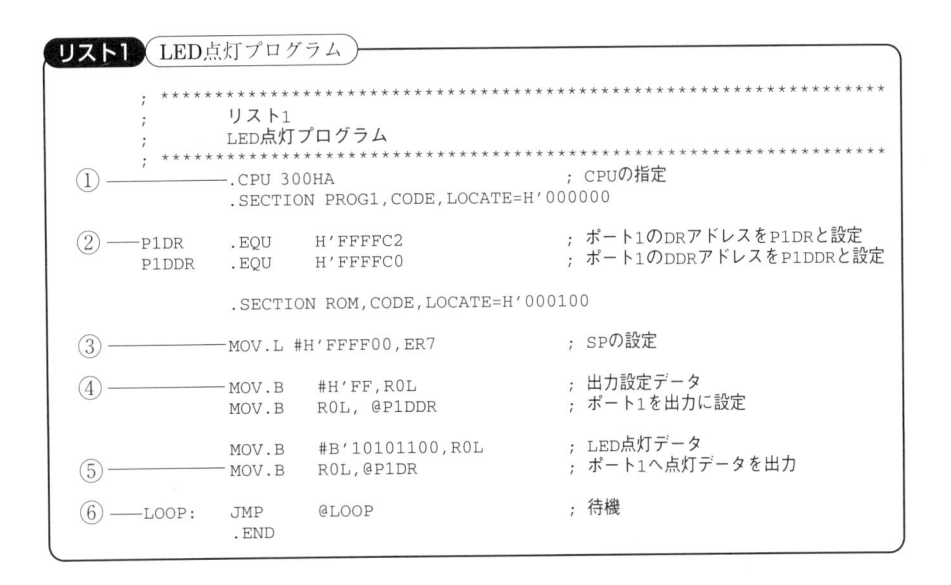

リスト1 LED点灯プログラム

```
        ; ****************************************************************
        ;          リスト1
        ;          LED点灯プログラム
        ; ****************************************************************
①      .CPU 300HA                              ; CPUの指定
        .SECTION PROG1,CODE,LOCATE=H'000000

②  P1DR    .EQU    H'FFFFC2                    ; ポート1のDRアドレスをP1DRと設定
    P1DDR   .EQU    H'FFFFC0                    ; ポート1のDDRアドレスをP1DDRと設定

        .SECTION ROM,CODE,LOCATE=H'000100

③          MOV.L   #H'FFFF00,ER7               ; SPの設定

④          MOV.B   #H'FF,R0L                   ; 出力設定データ
            MOV.B   R0L,@P1DDR                  ; ポート1を出力に設定

            MOV.B   #B'10101100,R0L             ; LED点灯データ
⑤          MOV.B   R0L,@P1DR                   ; ポート1へ点灯データを出力

⑥  LOOP:   JMP     @LOOP                       ; 待機
            .END
```

<プログラムの説明>

① 擬似命令を用いてCPUの種類を300HAと指定し，アドレス空間の指定を省略しているので，アレトス空間は24ビット（16進数6桁）となる．

② 擬似命令EQU命令を使って，ポート1のDRとDDRのアドレスをシンボルに置き換える．

③ スタックポインタ（ER7）に，RAMのアドレスを設定する．

④ P1DDRのすべてのビットに"1"を書き込んで出力用に設定する．

⑤ P1DRに，点灯データを出力する．データ"0"を出力したビットのLEDは点灯し，データ"1"を出力したビットのLEDは消灯する．

⑥ 擬似命令ENDは，アセンブラに対してプログラムの終了を示すだけであり，

● 第3章　アセンブラ言語 ●

マシン語には変換されない．したがって，ジャンプ命令でループをつくりCPUを待機させる．

ソースファイルの名前を，例えば「LED1.MAR」としてテキスト形式で保存し，アセンブルを行う．エラー（ERROR）や警告（WARNING）のメッセージが出た場合には，ソースプログラムをよく点検する必要がある．エラーメッセージがあると目的ファイル（拡張子obj）は作成されない．

図3.82に，アセンブル後の情報の一部を示す．この情報は，LED1.LISというファイルとして出力される．

プログラム本体は，ROMの000100H番地から順次格納されている（図3.82の13行目）．そして，擬似命令は，マシン語には変換されていないことが確認できる．

アセンブルが終われば，リンク，コンバージョン，ROMへの書込みと作業を続ける（第6章参照）．

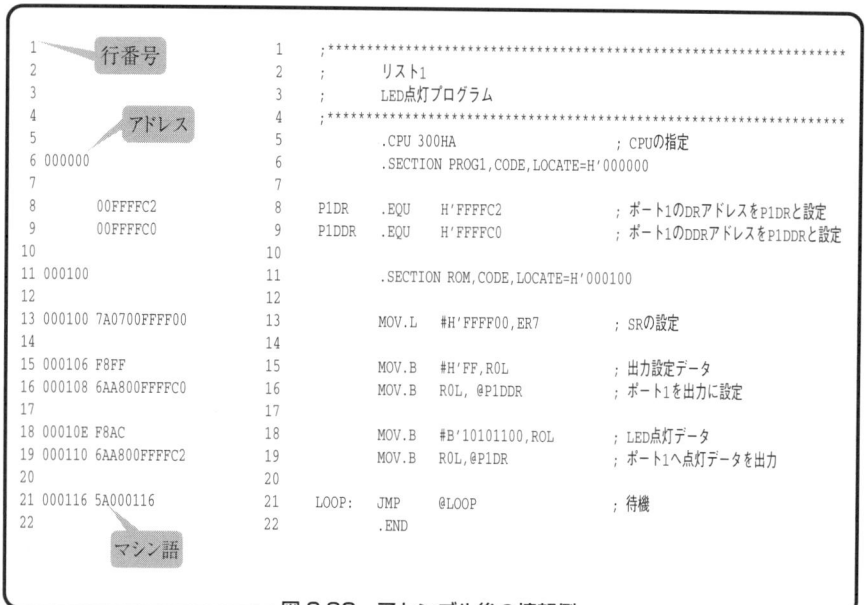

```
1                       1   ;********************************************
2      行番号            2   ;         リスト1
3                       3   ;         LED点灯プログラム
4      アドレス          4   ;********************************************
5                       5           .CPU    300HA                   ; CPUの指定
6  000000               6           .SECTION PROG1,CODE,LOCATE=H'000000
7                       7
8      00FFFFC2         8   P1DR    .EQU    H'FFFFC2                ; ポート1のDRアドレスをP1DRと設定
9      00FFFFC0         9   P1DDR   .EQU    H'FFFFC0                ; ポート1のDDRアドレスをP1DDRと設定
10                      10
11 000100               11          .SECTION ROM,CODE,LOCATE=H'000100
12                      12
13 000100 7A0700FFFF00  13          MOV.L   #H'FFFF00,ER7           ; SRの設定
14                      14
15 000106 F8FF          15          MOV.B   #H'FF,R0L               ; 出力設定データ
16 000108 6AA800FFFFC0  16          MOV.B   R0L,@P1DDR              ; ポート1を出力に設定
17                      17
18 00010E F8AC          18          MOV.B   #B'10101100,R0L         ; LED点灯データ
19 000110 6AA800FFFFC2  19          MOV.B   R0L,@P1DR               ; ポート1へ点灯データを出力
20                      20
21 000116 5A000116      21   LOOP:  JMP     @LOOP                   ; 待機
22                      22          .END
        マシン語
```

図3.82　アセンブル後の情報例

演習問題

3.1 次の(a)～(d)はプログラムの分岐条件部分を示すものである．必ず条件が成立するものを答よ．ただし，L1はラベルを示す．

(a)　MOV.B　　#H'23,R0L　　　(b)　MOV.B　　#H'01,R0L
　　BTST　　 #4,R0L　　　　　　 MOV.B　　#H'03,R0H
　　BNE　　　L1　　　　　　　　 ADD.B　　R0L,R0H
　　　　　　　　　　　　　　　　 BVS　　　 L1

(c)　MOV.B　　#H'03,R0L　　　(d)　MOV.B　　#H'01,R0L
　　MOV.B　　#H'01,R0H　　　　　 JMP　　　 @L1
　　SUB.B　　R0L,R0H
　　BMI　　　L1

3.2 次のプログラムを実行した場合，メモリのDATA1番地に格納される値を10進数で答えよ．

　　　MOV.B　　#H'01,R0L
　　　MOV.B　　#H'05,R0H
　　　XOR.B　　R0L,R0H
　　　INC.B　　R0H
　　　NOP
　　　MOV.B　　R0H,@DATA1

3.3 H8/3048Fの機械語命令について①～③を埋めなさい．
　　アセンブラ命令の実行に必要なステート数は，命令やその①[　　　　　]，②[　　　　　]によって異なる．例えば，論理演算命令AND.Bをレジスタ直接で実行した場合には，③[　　　　　]ステートが必要となる．

第4章

基本プログラムの作成

学習のポイント　本章では，アセンブラプログラムによる基本処理について学ぶ．アセンブラ言語を用いたプログラム作成には，命令の理解とともにハードウェアの理解が必要である．必要に応じてこれまでの章を参照し，理解されたい．

4.1　プログラムの書式と記述例

次に一般的なアセンブラプログラムの記述例を示す．本章では，この例を雛型として使用する．

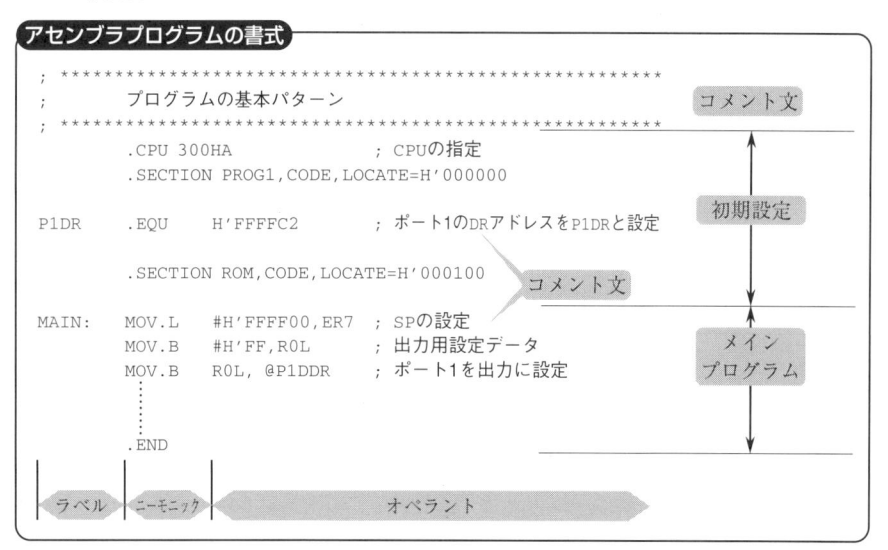

アセンブラプログラムの書式

```
;    ************************************************
;         プログラムの基本パターン                         ← コメント文
;    ************************************************
        .CPU    300HA                   ; CPUの指定
        .SECTION PROG1,CODE,LOCATE=H'000000
                                                        初期設定
P1DR    .EQU    H'FFFFC2        ; ポート1のDRアドレスをP1DRと設定

        .SECTION ROM,CODE,LOCATE=H'000100    ← コメント文

MAIN:   MOV.L   #H'FFFF00,ER7   ; SPの設定
        MOV.B   #H'FF,R0L       ; 出力用設定データ         メイン
        MOV.B   R0L,@P1DDR      ; ポート1を出力に設定      プログラム
        ：
        .END
```

ラベル｜ニーモニック｜オペランド

121

● 第4章　基本プログラムの作成 ●

(1) .CPU

H8/3048Fをアドバンストモード，24ビットのアドレス空間で使用する場合には，プログラムの先頭で次のように記述する．ただし，この場合は，[:24]を省略することもできる．

　　　　.CPU 300HA [:24]

(2) .SECTION

H8アセンブラ言語のプログラムは，**セクション**という単位で管理される．セクションには，**コードセクション**（CODE），**データセクション**（DATA），**コモンセクション**(COMMON)，**スタックセクション**(STACK)，**ダミーセクション**(DUMMY)がある．これらは，セクションの**属性**と呼ばれる．

コードセクションとは，主に初期値の設定や実行命令を記述するプログラムの中心部分であり，データセクションとは，主にデータを記述する部分である．これらのセクションは，アセンブラ制御命令.SECTIONで指定する．

SECTION セクション名，属性，形式

形式とは，アドレスの指定方法のことで，LOCATEで絶対アドレス形式，ALIGNで相対アドレス形式を指定する．形式の記述を省略した場合には，ALIGN=2が設定され，リンク時にロケーションカウンタ（格納アドレスを示すカウンタ）の値を2の倍数（偶数）番地にする．

例えば，PROG1という名前のコードセクションをメモリの000000$_{(16)}$番地から格納する場合には，次のように記述する．

　　　　.SECTION PROG1, CODE, LOCATE=H'000000

データセクションを指定しない場合には，000000$_{(16)}$番地から始まる初期設定と，000100$_{(16)}$番地から始まるメインプログラムを記述する2個のコードセクションを指定することにする．

CPUは，H8/300Hシリーズをアドバンストモードで24ビットのアドレス空間で使用する．SP（スタックポインタ）は，メインプログラムのはじめでRAMのFFFF00$_{(16)}$に指定する．

122

(3) ロケーションカウンタ

ロケーションカウンタは，命令などの格納アドレスを示すカウンタで，「$」（ドル記号）で表す．次の例では，$は絶対アドレスで$1000_{(16)}$を示す．

【例】

```
         .SECTION    A,CODE,LOCATION=H'1000
   DAT1  .EQU        $
```

(4) コメント

プログラムの実行に関係しない注釈文である．「;」（セミコロン）を置いてから書き始めた文は**コメント文**とみなされる．コメント文には，かなや漢字を使用することができる．

4.2 基本操作

◯1. データ転送

(1) データの初期化

汎用レジスタやCCR（コンディションコードレジスタ），またメモリの内容は，必要に応じて初期化する必要がある．CPUをリセットしてもレジスタのデータのクリアはなされない．表4.1に汎用レジスタを初期化する操作の例を示す．

表4.1 汎用レジスタ初期化の例

ラベル	ニーモニック	オペランド	説明
	MOV.B	#H'00,R0L	定数 → R0L
	AND.B	#H'00,R0L	$00_{(16)}$ → R0L
	OR.B	#H'FF,R0L	$FF_{(16)}$ → R0L

- 任意の定数に初期化するには，MOV命令を使用する．
- すべてのビットを0にする（クリアする）には，AND命令を使用する．
- すべてのビットを1にする（セットする）には，OR命令を使用する．

表4.2に汎用レジスタの任意の1ビットを初期化する操作例を示す．

● 第4章　基本プログラムの作成 ●

表4.2　汎用レジスタ1ビット初期化の例

ラベル	ニーモニック	オペランド	説明
	BCLR.B	#0,R0L	0 → ビット0
	BSET.B	#4,R0L	1 → ビット4

- 任意の1ビットを0にする（クリアする）には，BCLR命令を使用する．
- 任意の1ビットを1にする（セットする）には，BSET命令を使用する．

表4.3に，CCRを初期化する操作の例を示す．

表4.3　CCR初期化の例

ラベル	ニーモニック	オペランド	説明
	LDC.B	#H'00,CCR	定数 → CCR
	ANDC	#H'00,CCR	$00_{(16)}$ → CCR
	ORC	#H'FF,CCR	$FF_{(16)}$ → CCR

- 任意の定数に初期化するには，LDC命令を使用する．
- すべてのビットを0にする（クリアする）には，ANDC命令を使用する．
- すべてのビットを1にする（セットする）には，ORC命令を使用する．

表4.4にメモリを初期化する操作の例を示す．

表4.4　メモリ初期化の例

ラベル	ニーモニック	オペランド	説明
	MOV.B	#H'00,R0L	定数 → 汎用レジスタ
	MOV.B	R0L,@MEM	汎用レジスタ → メモリ

- 任意の定数をメモリに直接転送することはできないので，汎用レジスタを経由して初期化を行う．

◀問4.1▶

BCLR命令を使用し，R5Hレジスタの6ビット目をクリアするプログラム部分を記述せよ．

◀ 問4.2 ▶

　　メモリMEM1番地の内容を，70₍₁₀₎にするプログラム部分を記述せよ．
　　ただし，MEM1は，メモリのアドレスを示すシンボルである．

(2) 汎用レジスタ間のデータ転送

　H8/300Hでは，汎用レジスタ間のデータ転送を直接行うことができる．レジスタのサイズに応じて，適切なMOV命令を使用してデータ転送を行う．図4.1に汎用レジスタ間のデータ転送の例を示す．

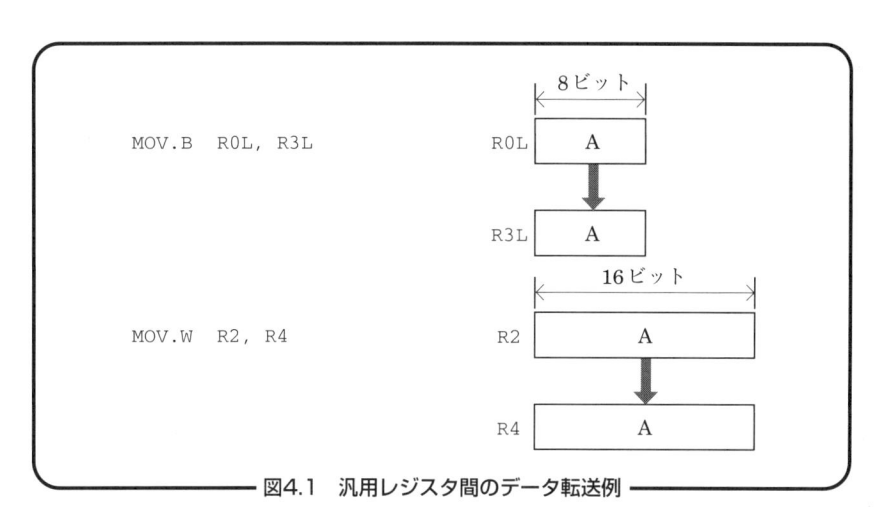

```
MOV.B  R0L, R3L           R0L [  A  ]  8ビット
                                ↓
                          R3L [  A  ]

MOV.W  R2, R4             R2  [     A     ]  16ビット
                                ↓
                          R4  [     A     ]
```

──── 図4.1　汎用レジスタ間のデータ転送例 ────

(3) 汎用レジスタ間のデータ交換

　汎用レジスタのデータを直接的に交換する命令は備わっていない．したがって，作業領域を使用してデータの交換を行う．図4.2に，汎用レジスタ間のデータ交換の例を示す．作業領域には，汎用レジスタR3Lを使用した．

● 第4章　基本プログラムの作成 ●

```
MOV.B   R0L, R3L
MOV.B   R1L, R0L
MOV.B   R3L, R1L
```

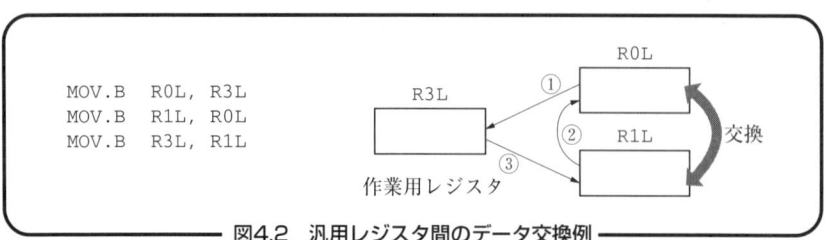

図4.2　汎用レジスタ間のデータ交換例

(4) メモリ間のデータ交換

　メモリ内のデータを直接的に交換する命令は備わっていない．したがって，作業領域を使用してデータの交換を行う．図4.3にメモリ間のデータ交換の例を示す．汎用レジスタには，R0LとR0Hを使用した．

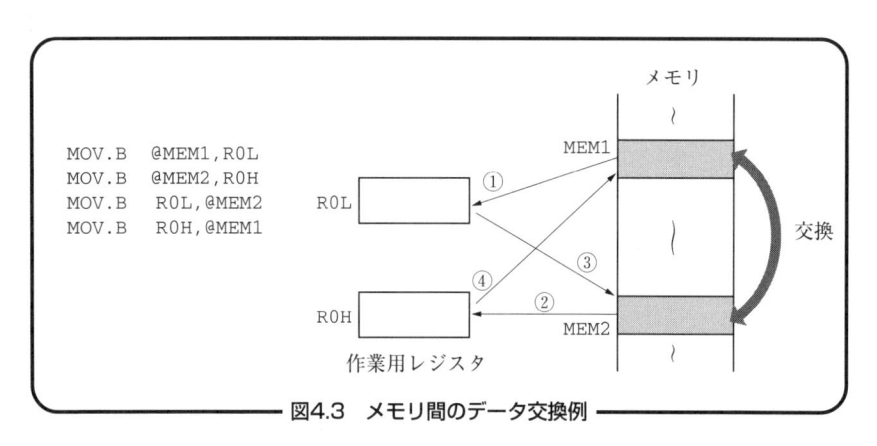

```
MOV.B   @MEM1,R0L
MOV.B   @MEM2,R0H
MOV.B   R0L,@MEM2
MOV.B   R0H,@MEM1
```

図4.3　メモリ間のデータ交換例

● 問4.1の解答

```
BCLR.B  #6,R5H
```

● 問4.2の解答

```
MOV.B   #D'70,R0L
MOV.B   R0L,@MEM1
```

●2. 条件分岐

条件が成立したときに分岐する条件分岐命令を使用する．

(1) ビット値の判定

任意ビットの値によって分岐するか否かを判断する場合には，BTST命令とBEQ命令，BNE命令を用いる．BTST命令によって，データの任意のビットをテストすると，ビット値が0の場合にはフラグZ=1，ビット値が1の場合にはフラグZ=0となる．したがって，フラグZの状態を分岐の条件とすればよい．

図4.4に汎用レジスタR0Lの5ビット目の値が0ならばラベルL1（処理2）に分岐し，それ以外なら次の命令（処理1）を実行する分岐例を示す．BEQ命令は，フラグZ=1が分岐条件である．

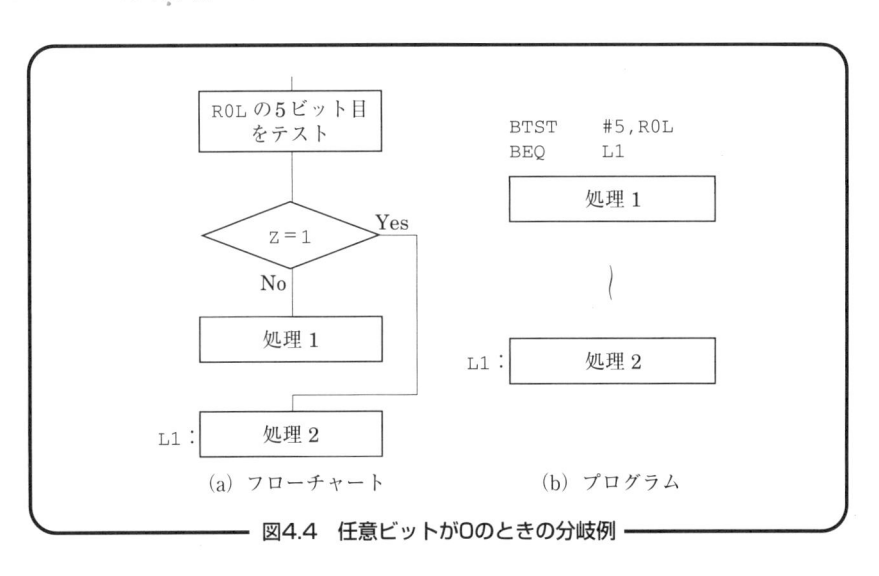

図4.4　任意ビットが0のときの分岐例

また，フラグZ=0が分岐条件であるBNE命令を使用すると，任意ビットの値が1のときに分岐を行うことができる．図4.5に汎用レジスタR0Lの5ビット目の値が1ならばラベルL1（処理2）に分岐し，それ以外なら次の命令（処理1）を実行するフローチャートを示す．

● 第4章　基本プログラムの作成 ●

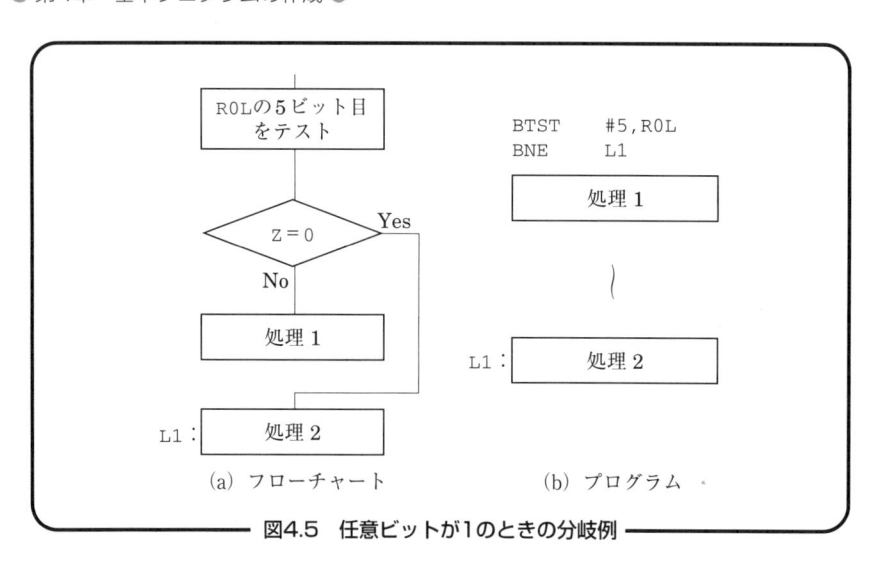

```
          ┌──────────────┐
          │ R0Lの5ビット目  │           BTST    #5,R0L
          │   をテスト     │           BNE     L1
          └──────┬───────┘           ┌──────────────┐
                 │                    │    処理1      │
              ╱Z=0╲  Yes              └──────────────┘
             ╱     ╲───┐
             ╲     ╱   │                    ⟩
              ╲No ╱    │
                 │     │              L1：┌──────────────┐
          ┌──────┴───┐ │                  │    処理2      │
          │  処理1   │ │                  └──────────────┘
          └──────┬───┘ │
                 │     │
      L1：┌──────┴───┐ │
          │   処理2  │◄┘
          └──────────┘
           (a) フローチャート        (b) プログラム
```

────── **図4.5　任意ビットが1のときの分岐例** ──────

◀ 問4.3 ▶────────────────────────

　　汎用レジスタR3Hの2ビット目が0であるとき，ラベルLOOPへ分岐
　するプログラム部分を記述せよ．

　BTST命令は，バイトサイズにしか対応していない．それ以上のデータにおける任意のビット値を判定するには，マスク操作(第2章参照)を使用する方法がある．例えば，16ビットの汎用レジスタR0の10ビット目を判定する場合には，図4.6

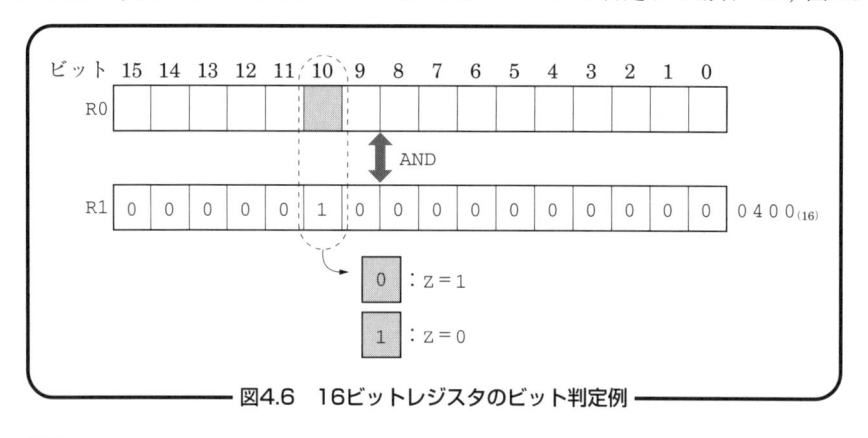

```
ビット 15 14 13 12 11 10  9  8  7  6  5  4  3  2  1  0
R0 ┌──┬──┬──┬──┬──┬──┬──┬──┬──┬──┬──┬──┬──┬──┬──┬──┐
   │  │  │  │  │  │▓▓│  │  │  │  │  │  │  │  │  │  │
   └──┴──┴──┴──┴──┴──┴──┴──┴──┴──┴──┴──┴──┴──┴──┴──┘
                         ↕ AND
R1 ┌──┬──┬──┬──┬──┬──┬──┬──┬──┬──┬──┬──┬──┬──┬──┬──┐
   │ 0│ 0│ 0│ 0│ 0│ 1│ 0│ 0│ 0│ 0│ 0│ 0│ 0│ 0│ 0│ 0│  0 4 0 0(16)
   └──┴──┴──┴──┴──┴──┴──┴──┴──┴──┴──┴──┴──┴──┴──┴──┘
                    ┌───┐
                 →  │ 0 │：Z=1
                    └───┘
                    ┌───┐
                    │ 1 │：Z=0
                    └───┘
```

────── **図4.6　16ビットレジスタのビット判定例** ──────

に示すように，10ビット目のみが1であるデータ0400$_{(16)}$との論理積を求める．AND命令は，フラグZを動作させるので，この後，条件分岐命令を使用すればよい．

◀ 問4.4 ▶

汎用レジスタR3の12ビット目が0であるとき，ラベルLOOPへ分岐するプログラム部分を記述せよ．

(2) 0（ゼロ）の判定

例えば，あるレジスタに格納されているデータが0かどうかを判定したい場合，演算命令などの実行直後であれば，フラグZにより判定を行える．しかし，命令によってはフラグZが動作しないこともある．

このような場合，MOV命令を使用して対象データの転送を行いフラグZを動作させるとよい．この後，フラグZによる条件分岐命令を使用する．図4.7にMOV命令を使用したレジスタのゼロ判定の例を示す．判定したいレジスタ（R0L）を適当な空きレジスタ（R0H）に転送する（同一のレジスタへの転送もできる）ことでフラグZを動作させている．

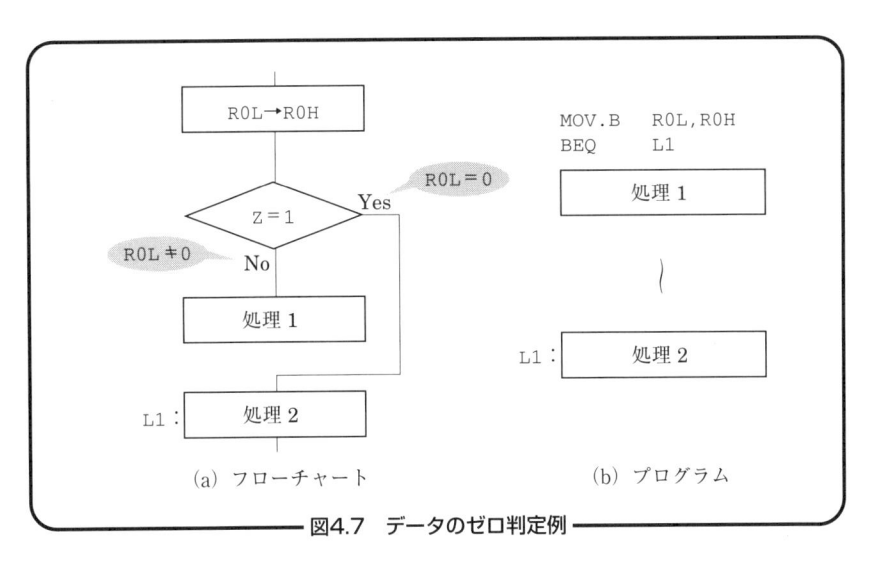

```
              R0L→R0H                MOV.B   R0L,R0H
                                     BEQ     L1
                                     ┌─────────────┐
         ◇ Z=1  Yes  R0L=0           │    処理 1    │
   R0L≠0   No                        └─────────────┘
      ┌─────────┐                         ⎰
      │  処理 1  │                         ⎱
      └─────────┘                    ┌─────────────┐
                                 L1: │    処理 2    │
   L1: ┌─────────┐                   └─────────────┘
       │  処理 2  │
       └─────────┘
       (a) フローチャート              (b) プログラム
```

──── **図4.7 データのゼロ判定例** ────

● 第4章 基本プログラムの作成 ●

　MOV命令は，フラグZの他にフラグN（ネガティブ）も動作させるので，同様の方法を用いてデータが負かどうかの判定を行うこともできる．図4.8にレジスタ内のデータの負判定を行う例を示す．BMI命令は，フラグN=1が分岐条件である．

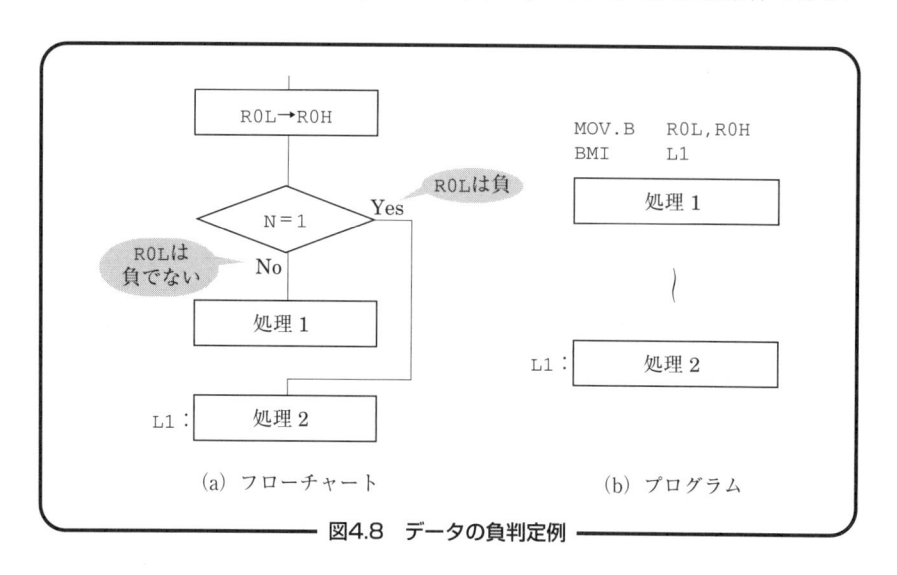

```
            MOV.B   R0L,R0H
            BMI     L1
                    処理1


        L1: 処理2
```

(a) フローチャート　　　(b) プログラム

図4.8　データの負判定例

(3)　データの大小判定

　2つのデータの大小関係を判定する場合には，SUB命令またはCMP命令を使用するとよい．どちらの命令も，実行後の結果がフラグN，Z，V，Cに反映されるので，これらを分岐の判定に用いる．図4.9に，汎用レジスタR0LとR0Hの内容の

● 問4.3の解答 ─────────────────────────
```
        BTST    #2,R3H
        BEQ     LOOP
```
● 問4.4の解答 ─────────────────────────
```
        MOV.W   #H'1000,R0
        AND.W   R0,R3
        BEQ     LOOP
```

130

大小関係を判定する例を示す．この例では，R0L ＞ R0Hの場合に分岐が行われ，処理2を実行する．

SUB命令実行後には，転送先（ディスティネーション）レジスタの値が更新される．したがって，以降にこのレジスタを使用する場合には注意が必要である．

一方，CMP命令を使用すれば，演算結果はフラグに反映されるが，2つのレジスタの内容は保持される．どちらの命令を使用する場合でも，減算の方向に注意されたい．

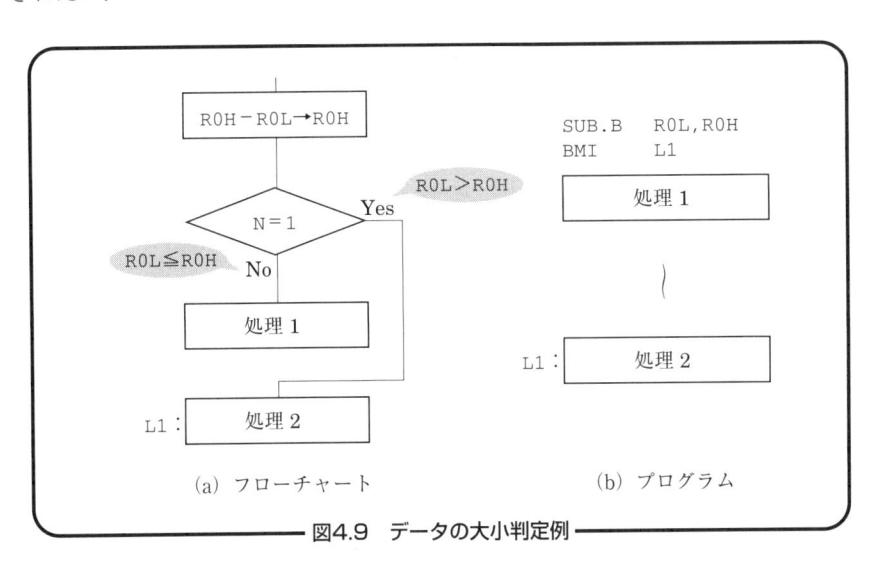

```
           R0H－R0L→R0H                SUB.B  R0L,R0H
                                       BMI    L1
                              R0L＞R0H
                    ┌─Yes─┐              ┌──────────┐
              N＝1                        │   処理1   │
                    └─No─┐                └──────────┘
    R0L≦R0H                                    │
           ┌──────────┐                         ）
           │   処理1   │                   L1: ┌──────────┐
           └──────────┘                        │   処理2   │
                │                              └──────────┘
    L1: ┌──────────┐
        │   処理2   │
        └──────────┘
       (a) フローチャート              (b) プログラム
```

図4.9　データの大小判定例

データがある値と一致するか否かを判定したい場合は，SUB命令またはCMP命令を実行し，結果をフラグZに反映させればよい．図4.10に汎用レジスタR0Lが59[10]と等しいときに分岐によって処理2を実行する例を示す．BEQ命令の分岐条件は，Z=1である．

● 第4章　基本プログラムの作成 ●

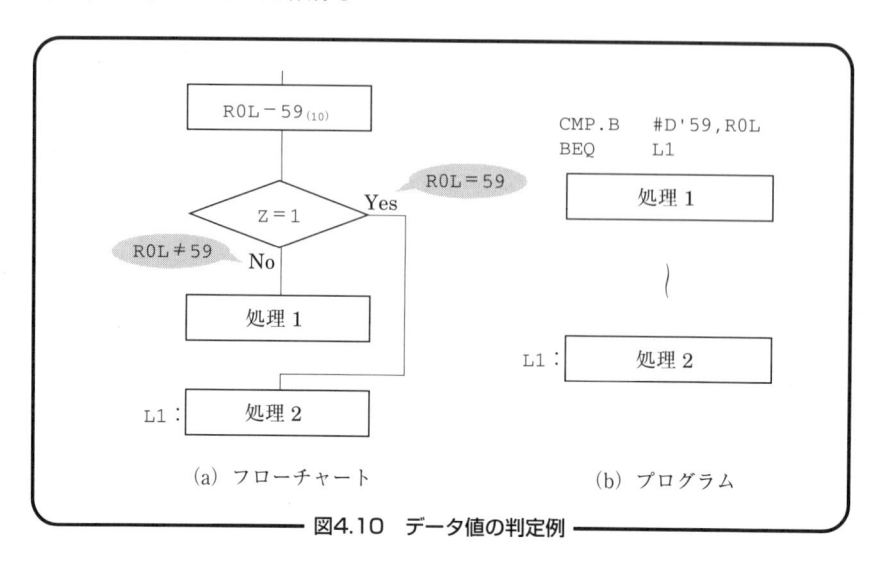

```
        R0L－59(10)
                        R0L＝59
          Z＝1    Yes
                        CMP.B  #D'59,R0L
          R0L≠59         BEQ    L1
          No
                        ┌────────┐
        ┌────────┐       │ 処理1   │
        │ 処理1   │       └────────┘
        └────────┘
                        L1: ┌────────┐
    L1: ┌────────┐           │ 処理2   │
        │ 処理2   │           └────────┘
        └────────┘

      (a) フローチャート         (b) プログラム
```

―――― 図4.10　データ値の判定例 ――――

◀ 問4.5 ▶

　汎用レジスタR3Lの値が$50_{(10)}$であるとき，ラベルSTEP50へ分岐するプログラム部分を記述せよ．

◀ 問4.6 ▶

　汎用レジスタR3Lの値が$50_{(10)}$以上であるとき，ラベルSTEP50へ分岐するプログラム部分を記述せよ．

◀ 問4.7 ▶

　汎用レジスタR3Lの値がメモリのMEM1番地の内容以上であるとき，ラベルLARGEへ分岐するプログラム部分を記述せよ．

●3. 繰り返し

繰り返し操作は，同じ処理を繰り返し行うときに用い，汎用レジスタをカウンタとして繰り返し回数を数える．

図4.11に一般的な繰り返し処理の例を示す．汎用レジスタR0Lをカウンタとして使用する．100を初期値とし，処理部を繰り返すたびにDEC命令によってデクリメントする．BNE命令は，フラグZ=0の条件により分岐を行うので，カウンタR0Lが100, 99, 98, ……, 3, 2, 1のときに，100回の処理を繰り返すことになる．

図4.11の繰り返しが行われる部分を繰り返しループと呼び，このループ内に繰り返し処理部分を記述する．

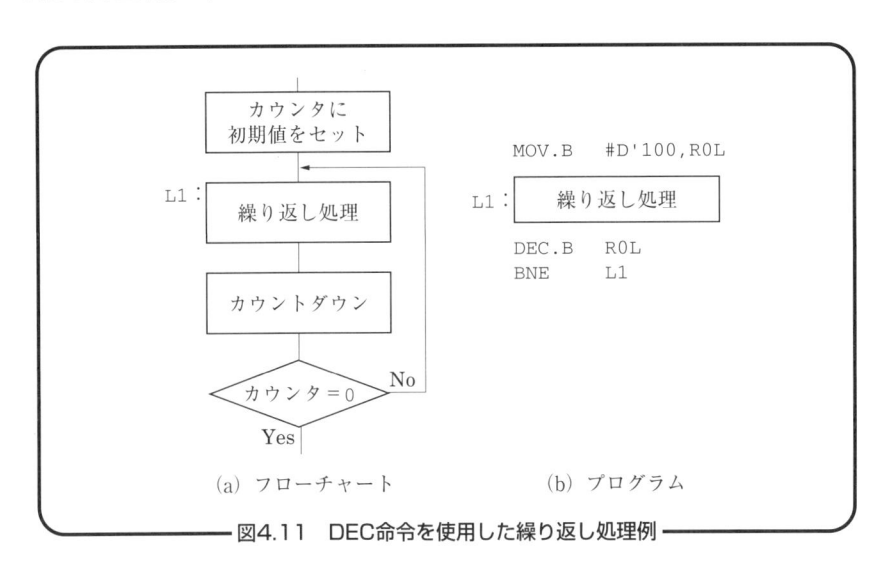

```
             MOV.B   #D'100,R0L
     L1:     繰り返し処理
             DEC.B   R0L
             BNE     L1
```

(a) フローチャート　　(b) プログラム

図4.11　DEC命令を使用した繰り返し処理例

例題4.1　次に示すプログラム部分において，繰り返し処理によってNOP命令を45回実行したい．空欄の①，②に記述すべき命令を答よ．

① _____

```
LOOP:  NOP
       DEC.W  #2 R3
```

② _____

第4章 基本プログラムの作成

解　① MOV.W　#D'90,R3

② BNE　　LOOP

この処理は，汎用レジスタR3の内容を2ずつカウントダウンし，結果が0でなければ，NOP命令を繰り返すものである．したがって，45回の繰り返し処理を行うには，R3の内容を90に初期化する必要がある．

◀問4.8▶

次に示すプログラムは，1から10までの和を汎用レジスタR2Lに求めるものである．空欄に適切な命令を記述し，完成させよ．

```
            MOV.B   #D'1,R1L
            MOV.B   #D'0,R2L
L1:         ADD.B   R1L,R2L
         ①[    ]   R1L
            CMP.B   #D'10,R1L
         ②[    ]   L1
LOOP:       JMP     @LOOP
```

● 問4.5の解答

```
    CMP.B  #D'50,R3L
    BEQ    STEP50
```

● 問4.6の解答

```
    CMP.B  #D'50,R3L
    BGT    STEP50
```

● 問4.7の解答

```
    MOV.B  @MEM1,R0L
    CMP.B  R0L,R3L
    BGT    LARGE
```

● 4. 数値計算

(1) 負の数を絶対値に変換する

補数で表現された負の数を絶対値に変換するには，NEG命令を使用すればよい．この操作は，正の数から負の数への変換にも使用される．

【例】
```
        NEG.B   R0L
```

(2) 乗　算

プログラム4.1～4.4は，いずれも汎用レジスタR1Lに格納した数値$7_{(10)}$をR2Lに格納した数値$10_{(10)}$倍（7×10）する操作である．乗算の結果は，16ビットレジスタR1または，8ビットレジスタR1Lに格納される．

H8/300Hシリーズには，乗算命令が備わっている．プログラム4.1は，符号付き乗算MULXU命令を使用して，直接的に乗算を行う操作である．乗算の結果は，16ビットレジスタR1に格納される．

プログラム4.1　乗算命令による乗算
```
        MOV.B    #D'7,R1L        ; 被乗数
        MOV.B    #D'10,R2L       ; 乗数
        MULXU.B  R2L, R1         ; 乗数命令
```

プログラム4.2は，汎用レジスタR1Lに格納した$7_{(10)}$をR2Lに格納した数値$10_{(10)}$回加算することによって乗算と同じ結果を得る操作である．得られた乗算の結果は，8ビットレジスタR1Lに転送している．

プログラム4.2　繰り返し加算による乗算
```
        MOV.B    #D'0,R0L        ; 加算結果の初期化
        MOV.B    #D'7,R1L        ; 被乗数
        MOV.B    #D'10,R2L       ; 加算回数
L1:     ADD.B    R1L,R0L         ; 加算
        DEC.B    R2L             ; 加算回数－1
        BNE      L1              ; ゼロでなければラベルL1へ分岐
        MOV.B    R0L,R1L         ; 結果を転送
```

● 第4章 基本プログラムの作成 ●

プログラム4.3は，シフト命令を使用した操作である．2進数は，左に1ビットシフトするたびに2倍される．このプログラムでは，(2×2+1)×2という演算を行い10倍した結果を得ている．

プログラム4.3 左シフトによる乗算（その1）

```
    MOV.B     #D'7,R1L         ; 被乗数
    MOV.B     R1L,R2L          ; 被乗数のコピー
    SHAL.B    R2L              ; ×2
    SHAL.B    R2L              ; ×2
    ADD.B     R1L,R2L          ; ＋
    SHAL.B    R2L              ; ×2
    MOV.B     R2L,R1L          ; 結果の転送
```

プログラム4.4は，やはりシフト命令を使用した操作であるが，(2×2×2)＋(×2)という演算を行い10倍した結果を得ている．

プログラム4.4 左シフトによる乗算（その2）

```
    MOV.B     #D'7,R1L         ; 被乗数
    MOV.B     R1L,R2L          ; 被乗数のコピー
    SHAL.B    R1L              ; R1L×2
    SHAL.B    R1L              ; R1L×2
    SHAL.B    R1L              ; R1L×2
    SHAL.B    R2L              ; R2L×2
    ADD.B     R2L,R1L          ; ＋
```

(3) 除 算

プログラム4.5と4.6は，いずれも汎用レジスタR1Lに格納した数値$100_{(10)}$をR2Lに格納した数値$9_{(10)}$で割る（100÷9）操作である．除算の結果は，16ビットレ

● 問4.8の解答

① INC.B

② BLE

ジスタR1または，8ビットレジスタR1Lに格納される．

H8/300Hシリーズには，除算命令が備わっている．プログラム4.5は，符号付き除算DIVXS命令を使用して，直接的に除算を行う操作である．除算の結果は，図4.12に示すように，16ビットレジスタR1に格納される．

R1	
R1H	R1L
余り	商

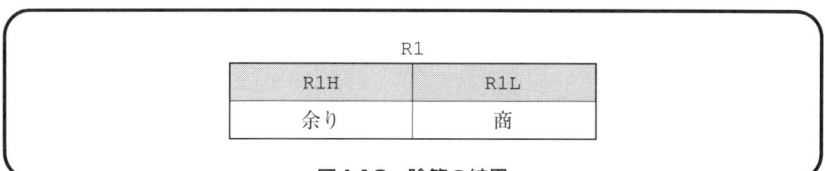

――― 図4.12　除算の結果 ―――

プログラム4.5 (除算命令による除算)

```
        MOV.W    #D'100,R1        ; 被除数
        MOV.B    #D'9,R2L         ; 除数
        DIVXS.B  R2L,R1           ; 除算命令
```

プログラム4.6は，汎用レジスタR1Lに格納した100$_{(10)}$からR2Lに格納した数値9$_{(10)}$を繰り返して減算することによって除算と同じ結果を得る操作である．

減算の結果が正のあいだは減算を繰り返す．減算結果が負になれば，引きすぎた除数を回復して余りを求める．

プログラム4.6 (繰り返し減算による除算)

```
        MOV.B    #D'100,R1L       ; 被除数
        MOV.B    #D'9,R2L         ; 除数
        MOV.B    #D'0,R3L         ; カウンタの初期化

L1:     INC.B    R3L              ; 減算回数カウント
        SUB.B    R2L,R1L          ; 減算
        BPL      L1               ; 正ならラベルL1へ分岐
        DEC.B    R3L              ; 引きすぎた分を回復
        ADD.B    R2L,R1L          ; 余りの計算

        MOV.B    R1L,R1H          ; 余りを転送
        MOV.B    R3L,R1L          ; 商を転送
```

プログラム4.7は，シフト命令を使用した操作である．2進数は，右に1ビットシフトするたびに1/2倍される．このプログラムでは，R1Lに格納した$9_{(10)}$をシフト命令によって2で除している（9÷2）．右シフトの結果，アンダーフロー（桁落ち）が生じてフラグCへ1が反映された場合には，余りありとしてR1Hに1を格納している．商は，R1Lに格納されている．

このように，シフト命令を使用した除算において余りを求めるには，アンダーフローしたデータを扱う工夫が必要となる．

プログラム4.7 右シフトによる除算

```
        MOV.B   #D'9,R1L        ; 被除数
        MOV.B   #D'0,R1H        ; 余りの初期化
        SHAR.B  R1L             ; ÷2
        BCC     L1              ; 桁落ちがなければラベルL1に分岐
        MOV.B   #D'1,R1H        ; 桁落ちがあれば余り1
    L1: NOP                     ; 分岐先
```

●5. ビット操作

(1) ビット列の照合

データのビット列の照合は，図4.13に示すように，論理演算XOR命令を使用して行うことができる．対象ビット列どうしをXOR演算すると，ビット列が一致した場合には演算結果が0となり，フラグZ=1となる．

また，ビット列を通常の数値データとして考えれば，SUB命令やCMP命令を使用してフラグZの動作を検出することで，図4.13と同様の判定ができる．

```
           XOR.B    #B'00011101, R0L
           BEQ      L1
```

```
                   ┌──────────────┐
                   │ ビット列不一致 │ ←──── Z = 0
                   └──────────────┘
                         ⋮
           L1：  ┌──────────────┐
                 │ ビット列一致  │ ←──── Z = 1
                 └──────────────┘
```

```
       #IMM │ 0 │ 0 │ 0 │ 1 │ 1 │ 1 │ 0 │ 1 │

                         ⊕   (XOR)

       R0L  │ 0 │ 0 │ 0 │ 1 │ 1 │ 1 │ 0 │ 1 │

                         ↓

            │ 0 │ 0 │ 0 │ 0 │ 0 │ 0 │ 0 │ 0 │  Z = 1
```

図4.13　XOR演算によるビット列の照合例

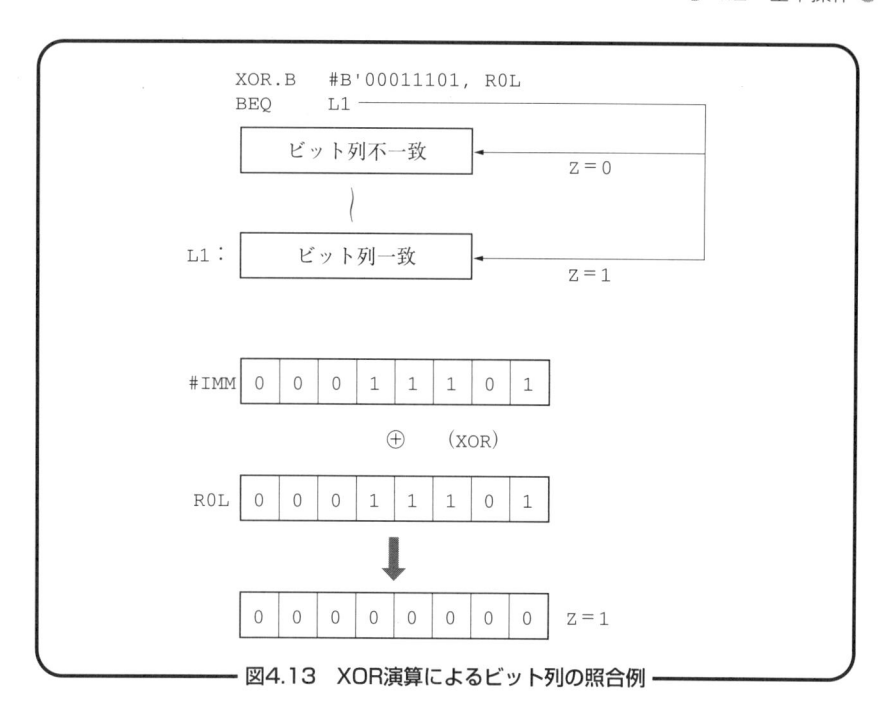

(2) データの"1"("0")のビット数を数える

　図4.14は，レジスタに格納されたデータの"1"のビット数を数える操作である．8回の右シフトを行い，フラグCが"1"になる回数を数えることにより，データの"1"のビット数を数える．ここでは，右シフト命令を使用したが，左シフト命令を使用しても同様の操作を行うことができる．ただし，シフト命令には，算術型ではなく論理型を用いなければならない．

　ビット"0"を数える場合には，フラグCが"0"である回数を数えるか，レジスタ長8よりビット"1"の個数を減算する．

　プログラム4.8と図4.15にレジスタに格納されたデータの"1"のビット数を数えるプログラムとフローチャートを示す．

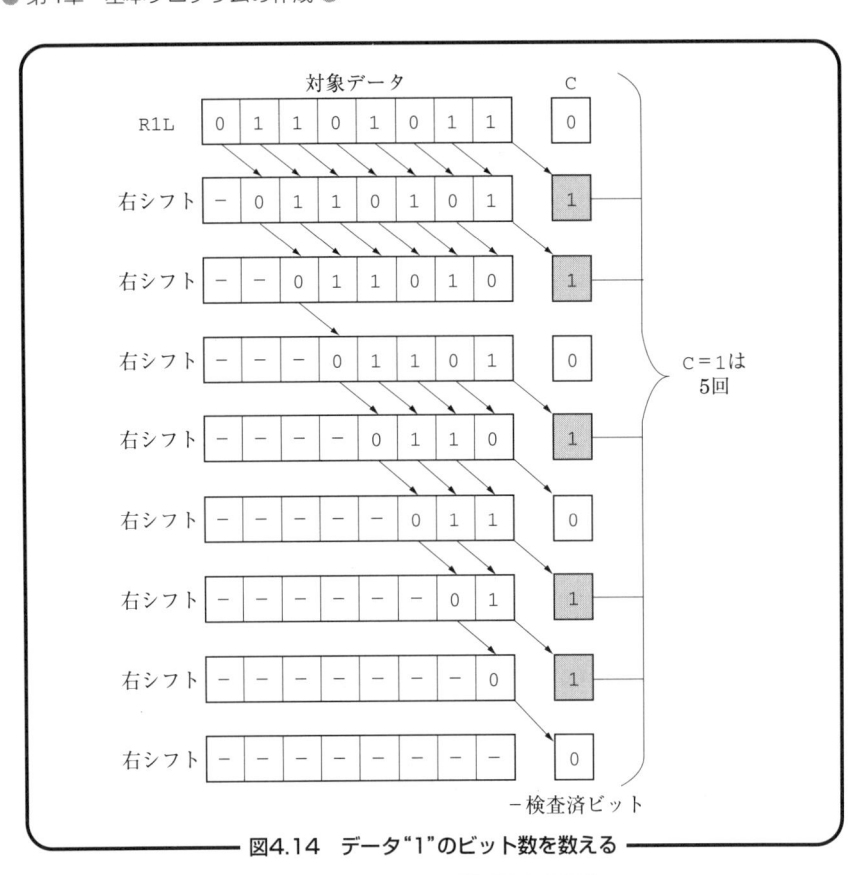

● 第4章　基本プログラムの作成 ●

図4.14　データ"1"のビット数を数える

プログラム4.8　データの"1"のビット数を数えるプログラム例

```
        MOV.B    #B'01101011,R1L    ; 対象データ
        MOV.B    #D'8,R2L           ; 検査ビット数カウンタ
        MOV.B    #D'0,R3L           ; 1のビット数カウンタ

L1:     DEC.B    R2L                ; 検査ビット数
        BMI      L2                 ; 負なら検査終了
        SHLR.B   R1L                ; 右に1ビット論理シフト
        BCC      L1                 ; C=0なら検査続行
        INC.B    R3L                ; C=1なら1のビット数カウンタ＋1
        JMP      @L1                ; 検査続行
L2:     NOP                         ; 検査終了
```

```
                    START
                      │
                      ▼
         ┌────────────────────────┐
         │  01101011₍₂₎ → R1L     │
         │        8₍₁₀₎ → R2L     │
         │        0₍₁₀₎ → R3L     │
         └────────────────────────┘
                      │
                      ▼ ◄─────────────┐
         ┌────────────────────────┐   │
    L1： │   R2L − 1 → R2L        │   │
         └────────────────────────┘   │
                      │               │
                      ▼               │
                  ╱ R2L<0 ╲  Yes      │
                  ╲       ╱ ─────┐    │
                      │No        │    │
                      ▼          │    │
         ┌────────────────────────┐   │
         │   R1Lを右シフト         │   │
         └────────────────────────┘   │
                      │          │    │
                      ▼          │    │
                  ╱ C=0 ╲ Yes    │    │
                  ╲     ╱ ───────┼────┘
                      │No        │
                      ▼          │
         ┌────────────────────────┐
         │   R3L + 1 → R3L        │
         └────────────────────────┘
                      │          │
                      ▼◄─────────┘
    L2： ┌────────────────────────┐
         │         NOP            │
         └────────────────────────┘
                      │
                      ▼
                    END
```

図4.15 データの"1"のビット数を数えるフローチャート

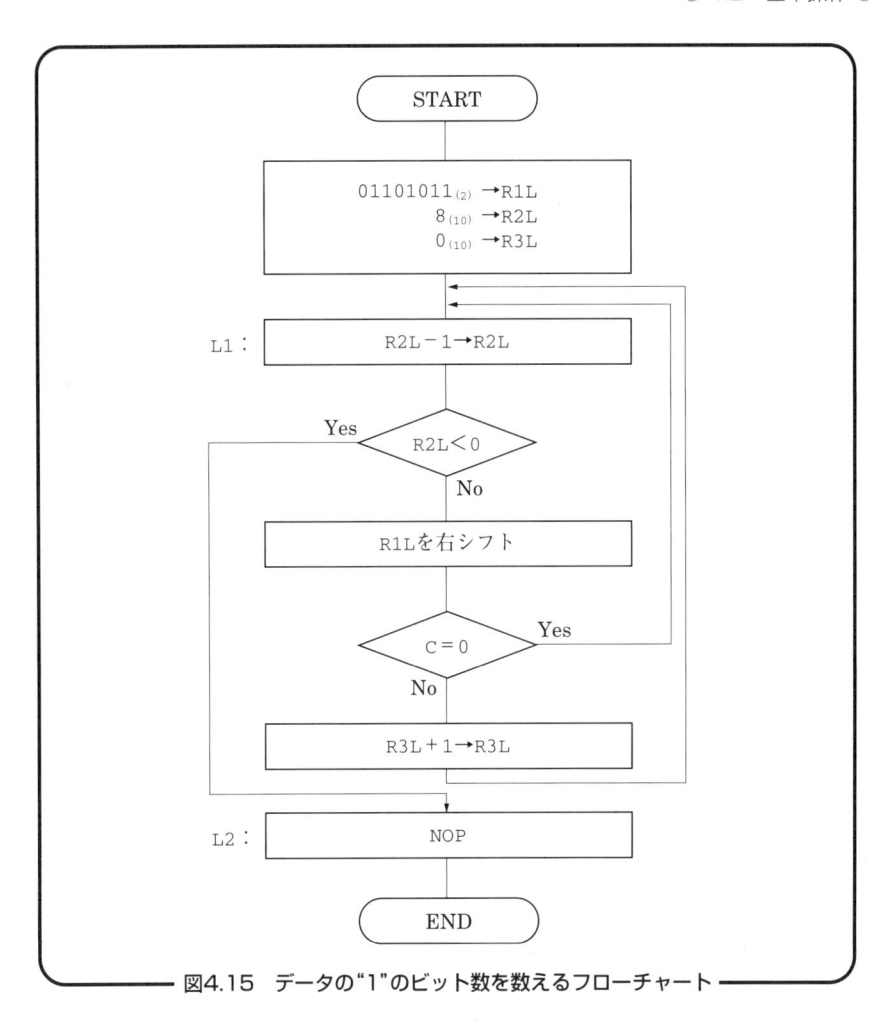

演習問題

4.1 メモリDATA1番地の内容を57₍₁₀₎にするプログラム部分を記述せよ．

4.2 汎用レジスタR5Hが10101010₍₂₎であるとき，ラベルSTEP1へ分岐するプログラム部分を記述せよ．

4.3 次に示すプログラムは，0から20までの整数のうち偶数の和を汎用レジスタR2に求めるものである．空欄に適切な命令を記述し，完成させよ．

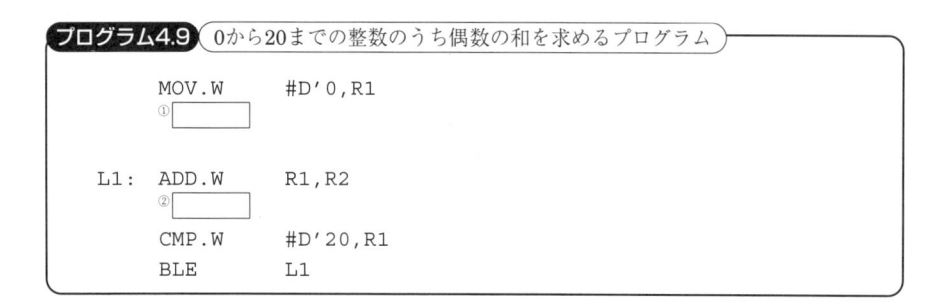

プログラム4.9 0から20までの整数のうち偶数の和を求めるプログラム

```
        MOV.W    #D'0,R1
   ①　[          ]

L1:     ADD.W    R1,R2
   ②　[          ]
        CMP.W    #D'20,R1
        BLE      L1
```

4.4 "1"のビット数を数えるプログラム4.8において，右シフトにはSHLR命令を使用している．この命令の代わりにSHAR命令を用いた場合，プログラムは，どのように動作するか説明しなさい．

第5章

応用プログラムの作成

学習のポイント　本章では，実用的なプログラムが作成できることをねらいとして，サブルーチン，割り込み処理，入出力制御について学ぶ．応用プログラムとして，論理回路の代用プログラム，チャタリング除去プログラム，ライントレースカー制御プログラムを例として示した．説明とプログラムの中のコメントを参照し，理解されたい．

5.1　副プログラム

●1.　サブルーチン

あるまとまった処理を繰り返し行うには，**サブルーチン**を使用する．サブルー

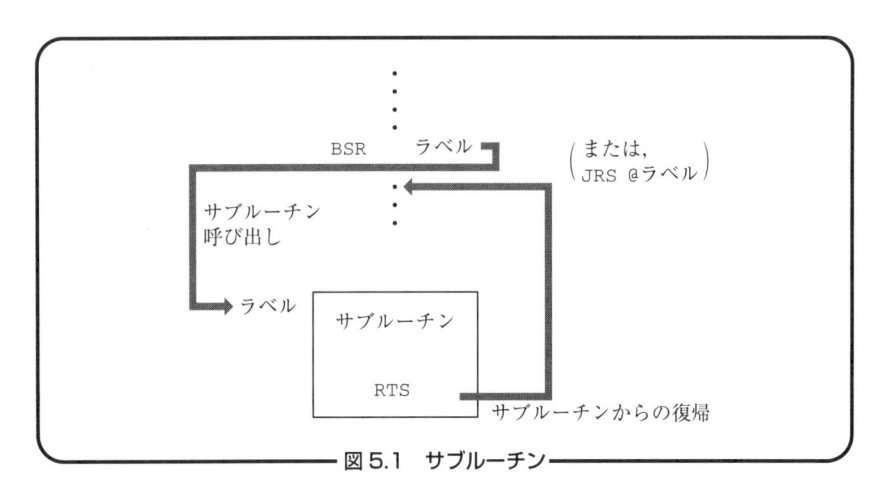

図5.1　サブルーチン

● 第5章　応用プログラムの作成 ●

チンはBSR命令，またはJRS命令により分岐先を指定して呼び出す（コールする）．サブルーチンからの復帰はRTS命令によって行う（図5.1）．復帰時は，呼び出されたCALL命令の直後の命令に復帰する．

　サブルーチン操作では，コールするたびに，復帰すべきプログラムメモリアドレスを**スタック**と呼ばれるメモリ領域に記憶する．スタックの領域は復帰命令が実行されるたびに開放される．H8/300Hでは，汎用レジスタER7をSP（スタックポインタ）として使用する．SPは，スタックのアドレスを指示するレジスタである（図5.2）．

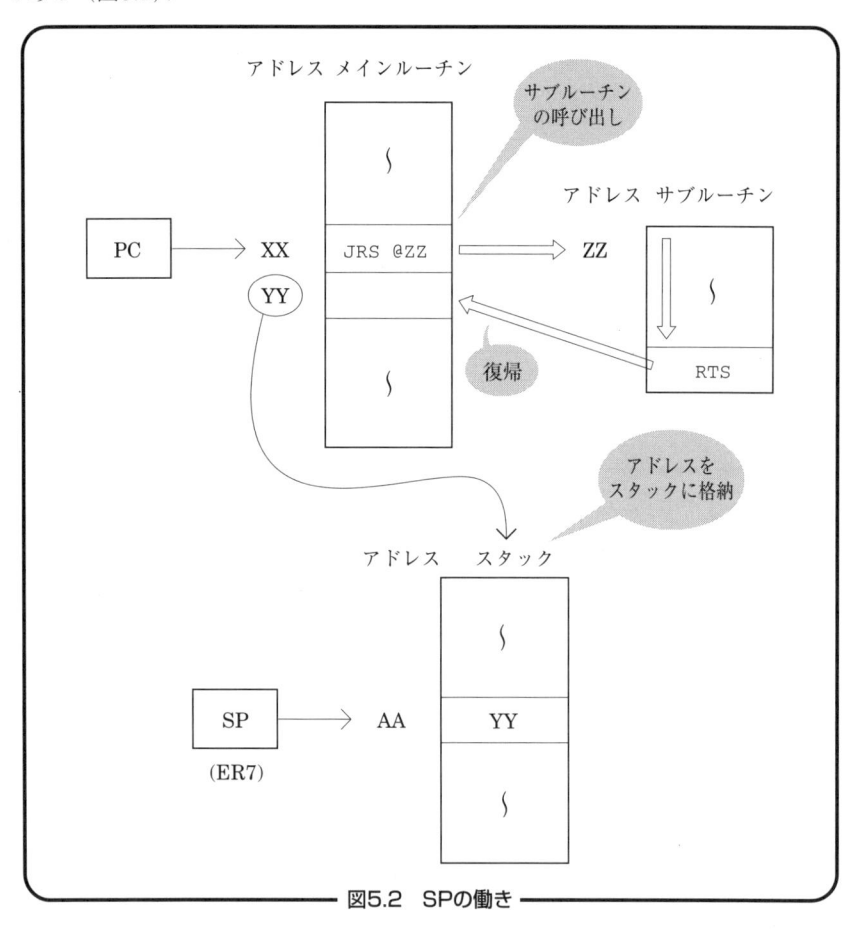

図5.2　SPの働き

5.1 副プログラム

　ER7の初期値は不安定なので，プログラムのはじめでMOV命令を使用して初期化する．また，SPの値は，RAM領域の偶数アドレスに設定する必要がある．

　サブルーチンから，他のサブルーチンを呼び出すような場合（サブルーチンの**ネスト**という）には，複数の戻りアドレスを保持しておくことが必要となる．

　このようなとき，SPは，指示するアドレスを自動的に順次減少してスタック領域を確保する．したがって，スタック領域はメモリの下位アドレスへ向けて上昇してくる．そして，スタックからアドレスを取り出す場合には，最後に格納したものから順に行われる（17ページ参照）．

　また，サブルーチンを実行する場合でも，汎用レジスタはメインルーチンと同じものを使用する．したがって，サブルーチン実行前に汎用レジスタのデータを待避させる必要が生じることがある．このような場合にも，スタックを使用することができる．

　プログラム5.1にサブルーチンを使用した例を示す．サブルーチンSUB1は，呼び出されるたびに，R0Lの内容に10を加算する．

第5章 応用プログラムの作成

プログラム5.1　サブルーチンの使用例

```
;**************************************************
;   プログラム5.1  サブルーチンプログラム
;**************************************************
        .CPU     300HA              ; CPUの指定
        .SECTION PROG4,CODE,LOCATE=H'000000

        .SECTION ROM,CODE,LOCATE=H'000100

        MOV.L    #H'FFFF00,ER7     ; SPの設定

        MOV.B    #D'0,R0L          ; R0Lを0に初期化

        BSR      SUB1              ; サブルーチンSUB1の呼び出し
        BSR      SUB1              ; サブルーチンSUB1の呼び出し
        BSR      SUB1              ; サブルーチンSUB1の呼び出し

LOOP:   JMP      @LOOP             ; 繰り返し

SUB1:   ADD.B    #D'10,R0L         ; サブルーチンSUB1
        RTS                        ; リターン命令

        .END
```

　サブルーチンSUB1は，計3回呼び出されるので，最終的にR0Lの内容は$30_{(10)}$となる．プログラム本体はROM領域の$000100_{(16)}$番地から格納しており，SPはRAM領域の$FFFF00_{(16)}$番地と指定している．このプログラムのように，サブルーチンを含むフローチャートは，図5.3に示すようになる．

● 5.1 副プログラム ●

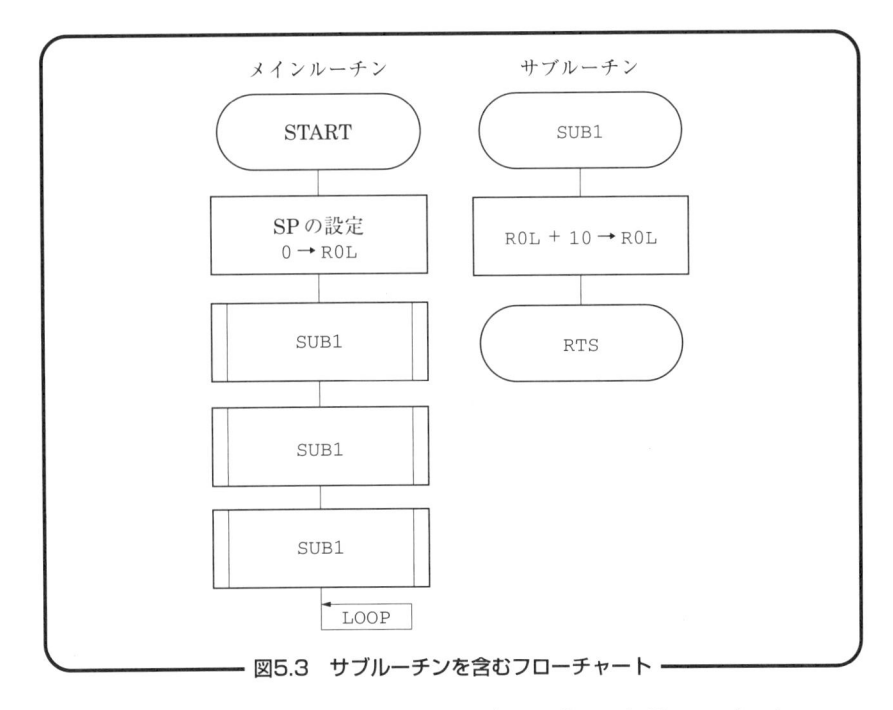

```
        メインルーチン              サブルーチン

          ( START )              ( SUB1 )
             │                      │
      ┌──────────────┐       ┌──────────────┐
      │  SPの設定     │       │ R0L + 10 → R0L│
      │   0 → R0L    │       └──────────────┘
      └──────────────┘              │
             │                   ( RTS )
      ┌──────────────┐
      │    SUB1      │
      └──────────────┘
             │
      ┌──────────────┐
      │    SUB1      │
      └──────────────┘
             │
      ┌──────────────┐
      │    SUB1      │
      └──────────────┘
             │
          [LOOP]
```

──── 図5.3 サブルーチンを含むフローチャート ────

　メインプログラムの最終部分にあるLOOP(ループ)は，無限ループによってCPUを待機状態にしている．

　マイコンの動作速度は，非常に速いために各種の動作とタイミングを合わせる場合などにタイマプログラムを使用することが多い．

　H8/300H CPUは，クロック信号ϕをもとに動作している．例えば，H8/3048Fでは，最大クロックは16MHzである．クロック信号の立上りから次の立上りまでを1ステートまたは1クロック，という（図5.4）．16MHzの周波数では，1ステートは，$1/(16 \times 10^6) = 0.0625\mu$sとなる．

　命令は，扱うデータサイズ（B, W, L），アドレッシングモードによって実行（フェッチから実行まで）に必要なステート数が異なる．例えば，MOV.B命令をレジスタ直接アドレッシング（Rn）で実行すると2ステートかかるが，レジスタ間接アドレッシング（@ERn）では4ステートになる（巻末の命令セット一覧表参照）．

147

● 第5章　応用プログラムの作成 ●

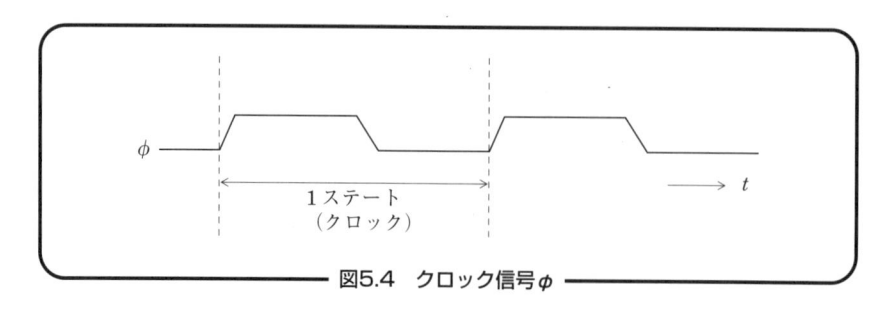

図5.4　クロック信号φ

プログラムの実行時間は，ステート数を考えて計算することができる．

プログラム5.2にタイマプログラムの基本形，図5.5にフローチャートを示す．汎用レジスタにセットした値から，1をデクリメント（減算）していき，結果が0になったら処理を終了する．NOP命令は時間稼ぎのために使っている．

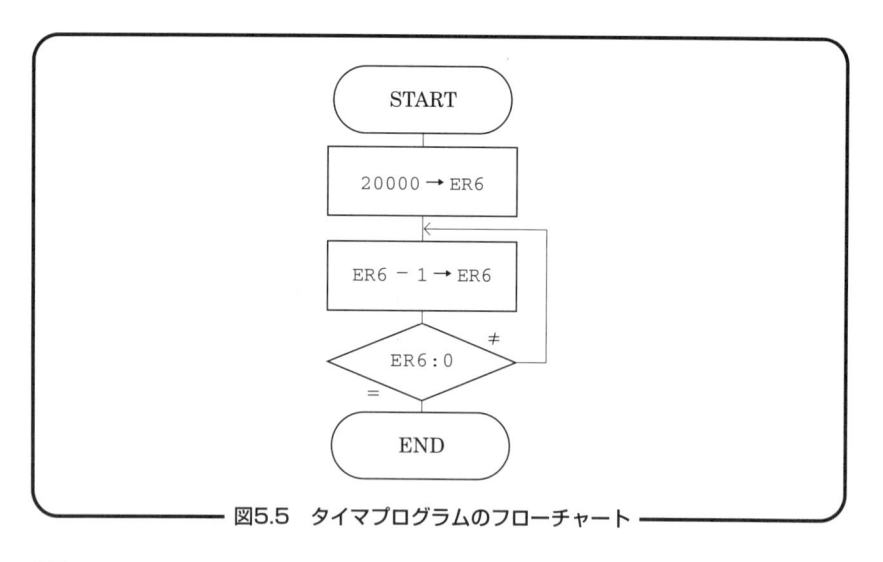

プログラム5.2　タイマプログラム（その1）

```
TIM1:   MOV.L    #D'2000,ER6      ; ER6に,2000をセット
L1:     DEL.L    #1,ER6           ; ER6から1を引く
        NOP                       ; 時間稼ぎ
        BNE      L1               ; ER6≠0ならL1にジャンプ
```

図5.5　タイマプログラムのフローチャート

（フローチャート：START → 20000 → ER6 → ER6 - 1 → ER6 → ER6:0 判定（≠ならループ，=ならEND））

ループで繰り返される各命令のステート数は，次のようになる．

DEC.L　　2ステート
NOP　　　2ステート
BNE　　　4ステート

つまり，合計8ステートである．CPUの動作周波数が16MHzならば，1ステートは$0.0625\mu s$（147ページ参照）であるから，8ステート×$0.0625\mu s = 5×10^{-4}$〔ms〕となる．したがって，例えば，10msのタイマをつくる場合には，10ms÷($5×10^{-4}$) ms＝20000を汎用レジスタにセットすればよいことになる．

このタイマを必要に応じた回数だけ呼び出せば，さらに長時間のタイマを構成することができる．

表5.1にCPUの動作周波数とタイマ時間の関係を示す．

表5.1　動作周波数とタイマ時間

動作周波数（MHz）	タイマ時間（ms）
16	10
8	20
4	40
2	80

任意の時間のタイマを構成する場合には，タイマサブルーチンをネストにして使用するとよい．プログラム5.3に示すプログラムは，10msのタイマサブルーチンTIM1をサブルーチンTIM2から500回呼び出すことで約5秒の時間稼ぎを行うものである．

● 第5章　応用プログラムの作成 ●

プログラム5.3　タイマプログラム（その2）

```
;***********************************************************
; プログラム5.3　タイマプログラム（その2）
;***********************************************************
            .CPU        300HA               ; CPUの指定
            .SECTION    PROG4,CODE,LOCATE=H'000000

            .SECTION    ROM,CODE,LOCATE=H'000100

            MOV.L       #H'FFFF00,ER7       ; SPの設定

            JSR         @TIM2               ; タイマサブルーチンの呼び出し

LOOP:       JMP         @LOOP               ; 繰り返し

TIM2:       MOV.W       #D'500,E5           ; 5秒のタイマサブルーチン
L2:         JSR         @TIM1
            DEC.W       #1,E5
            BNE         L2
            RTS

TIM1:       MOV.L       #D'20000,ER6        ; 10msのタイマサブルーチン
L1:         DEC.L       #1,ER6
            NOP
            BNE         L1
            RTS

            .END
```

◀ 問5.1 ▶

16MHzの動作クロックを使用して，NOT.B命令を実行した場合の処理時間を求めよ．

● 2. 割り込みサブルーチン

割り込みは，実行中の処理を一度停止して，他の処理を行った後に再開する機

図5.6 割り込み機能

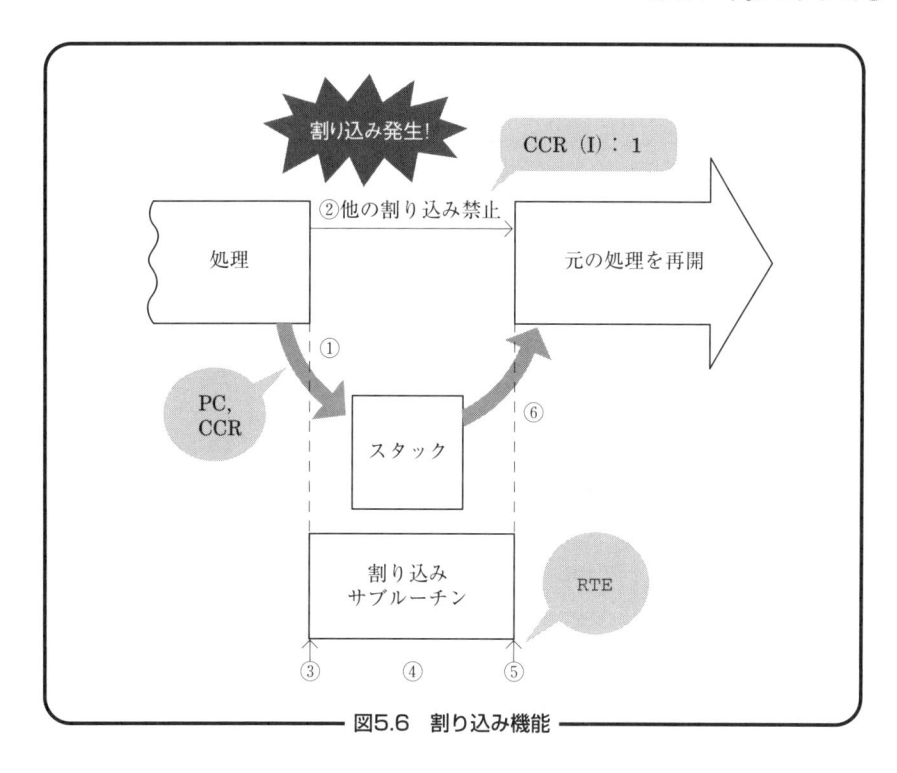

能である．割り込みが発生するとCPUは，次に示す動作を行う（図5.6）．

● 割り込み動作の流れ

① PCとCCRをスタックに待避する（汎用レジスタのデータは，必要に応じてユーザがスタックに待避させる必要がある）．

② CCRの割り込みマスクビット(I)を"1"にセットし，他の割り込みを禁止する．

③ メモリの割り込みベクタアドレスから，割り込みサブルーチンの開始アドレスをPCに読み込む．

④ 割り込みサブルーチンを実行する．

⑤ RTE命令で割り込みサブルーチンから復帰する．

⑥ 待避していたPCとCCRを復元して，元の処理を再開する．

　CCRの割り込みマスクビット(I)は，CPUのリセット後"1"（割り込み禁止）に

初期化されるので，割り込みを許可する場合には，プログラムで"0"にクリアしておく（例：LDC #0, CCR）．割り込みが発生すると（I）は"1"にセットされるので，その後に割り込みを許可するには再度"0"にクリアする．

　割り込みはマイコンのIRQ0～5端子に"0"を入力することで発生する．これら6本のピンの違いは，割り込みプログラムの先頭アドレスが格納してある割り込みベクタアドレスが異なることである（表5.2）．つまり，使用するピンによって6種類の割り込みプログラムを選択できる．

表5.2　割り込みベクタアドレス

割り込みピン	割り込みベクタアドレス
NMI	$00001C_{(16)}$
IRQ0	$000030_{(16)}$
IRQ1	$000034_{(16)}$
IRQ2	$000038_{(16)}$
IRQ3	$00003C_{(16)}$
IRQ4	$000040_{(16)}$
IRQ5	$000044_{(16)}$

　IRQ端子を使用する場合には，IRQイネーブルレジスタIERで端子別に許可／禁止の設定を行う．さらに，IRQセンスコントロールレジスタISCRでは，割り込み信号の有効な動作タイミングをエッジ（信号の立下り）かローレベル（"0"の状態）かに設定する（図5.7）．これらのレジスタは，周辺機能である割り込みコントローラが管理している．

● 問5.1の解答
　　0.125μs

● 5.1 副プログラム ●

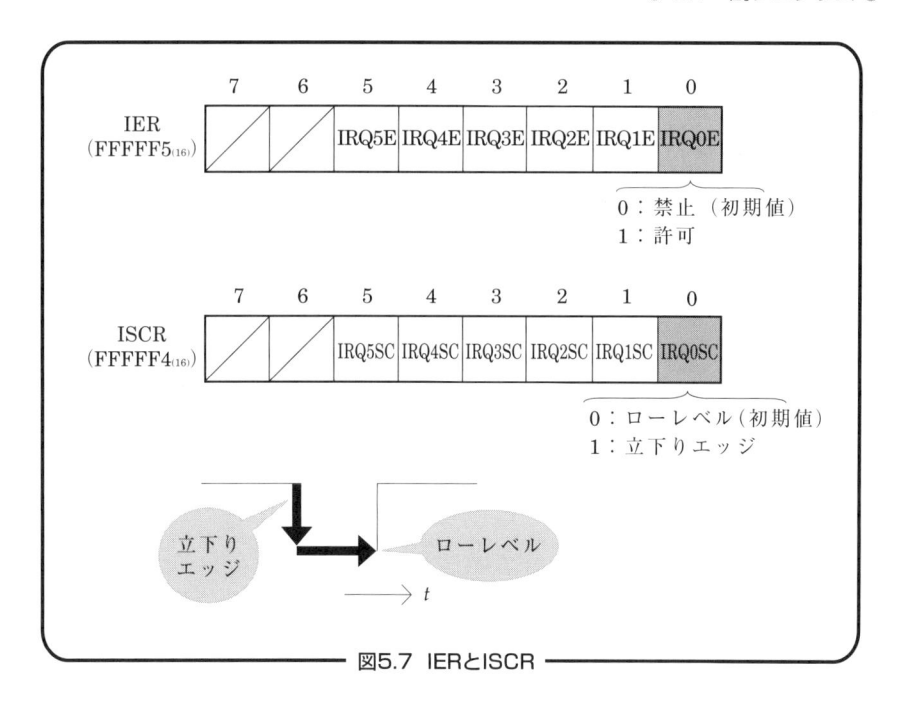

```
       7   6   5     4     3     2     1     0
IER   ╱   ╱  IRQ5E IRQ4E IRQ3E IRQ2E IRQ1E IRQ0E
(FFFFF5₍₁₆₎)
                                    0：禁止（初期値）
                                    1：許可

       7   6   5     4     3     2     1     0
ISCR  ╱   ╱  IRQ5SC IRQ4SC IRQ3SC IRQ2SC IRQ1SC IRQ0SC
(FFFFF4₍₁₆₎)
                                    0：ローレベル（初期値）
                                    1：立下りエッジ
```

立下り
エッジ　　　ローレベル
　　　　　→ t

図5.7 IERとISCR

　スイッチを使用して割り込み信号をつくる場合などには，誤動作を少なくするためにエッジ（立下り）に設定して使用するほうがよい．

　また，割り込みには，マスク（禁止）できない**ノンマスカブル割り込み（NMI）**がある．NMIは，CCRの（I）を"0"にしても禁止できない優先度の高い割り込みで，NMI端子を"0"にクリアすると割り込みベクタアドレス0001C₍₁₆₎番地に格納されているアドレスをPCに読み込んで実行する．NMI端子の入力エッジは，システムコントロールレジスタSYSCRで設定する（図5.8）．

　H8/3048Fでは，IRQ端子かNMI端子のどちらを使うかによって2種類の割り込み制御が行える．ここでは，IRQ端子を使った割り込みについて説明する．

　H8/3048Fには，IRQ端子が6本ある．つまり，6種類の割り込み信号を処理できる．ここでは，IRQ0（CN1-3）端子を使う割り込みを行う．

　割り込みを行うためには，コンディションコードレジスタCCR（20ページ参照）の割り込みマスクビットIを"0"にリセットし，さらにIRQイネーブルレジス

153

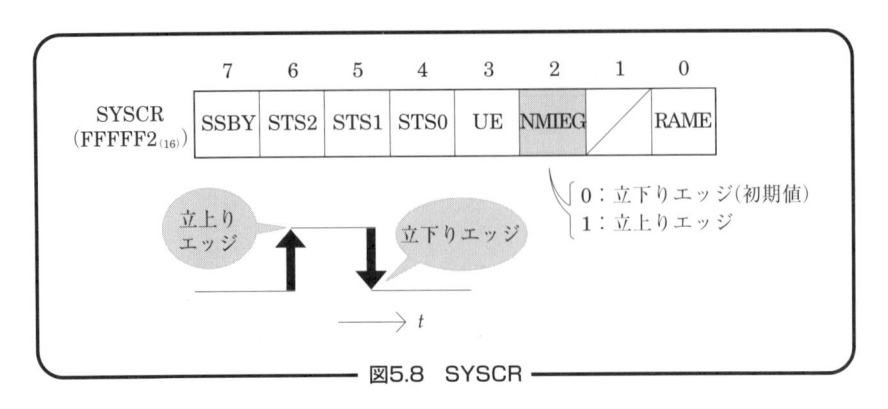

```
              7    6    5    4    3    2    1    0
   SYSCR   ┌────┬────┬────┬────┬────┬─────┬────┬────┐
(FFFFF2₍₁₆₎)│SSBY│STS2│STS1│STS0│ UE │NMIEG│    │RAME│
           └────┴────┴────┴────┴────┴─────┴────┴────┘
```

図5.8 SYSCR

タIERのIRQ0Eを"1"にセットする．そして，IRQ0端子に"0"を入力すると割り込みサブルーチンが実行される．このとき，入力する割り込み信号のエッジは，IRQセンスコントロールレジスタISCRで設定しておく（図5.7）．

割り込みがかかると，システムはPC（プログラムカウンタ）とCCRの値をスタックに待避して，割り込みベクタアドレス000030₍₁₆₎番地（IRQ0端子を使った場合）に書かれているアドレスへジャンプする（図5.9）．

したがって，割り込み制御を行う場合には，メインプログラムを割り込みベクタアドレスを避けた場所に格納しなければならない．割り込みプログラムは，RTE命令によって，PCとCCRの値を回復して元のプログラムに戻る．

図5.10に割り込み制御の実験を行うための回路例を示す．IRQ0端子に入力する割り込み信号の発生には，チャタリング（**172**ページ参照）を防止するためにシュミットトリガゲート（**74LS19**）を使っている．

入出力制御については，後で詳しく説明する．

● 5.1 副プログラム ●

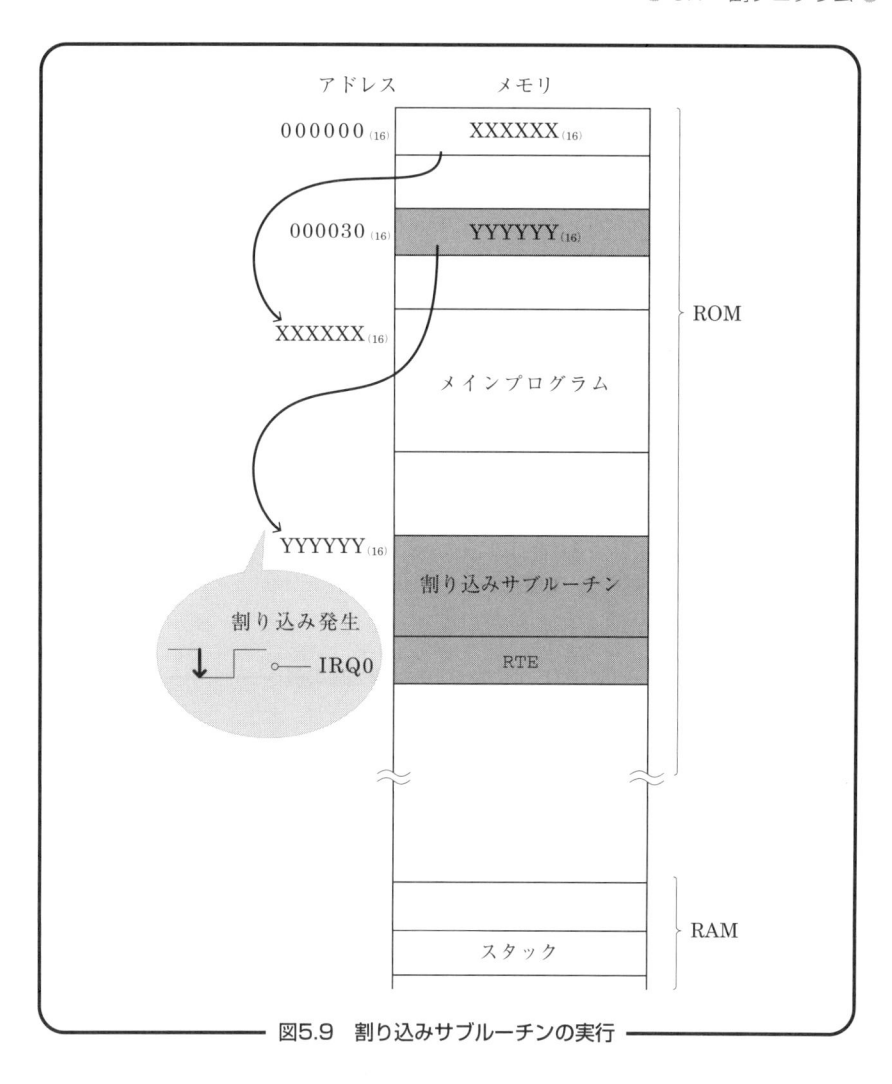

図5.9 割り込みサブルーチンの実行

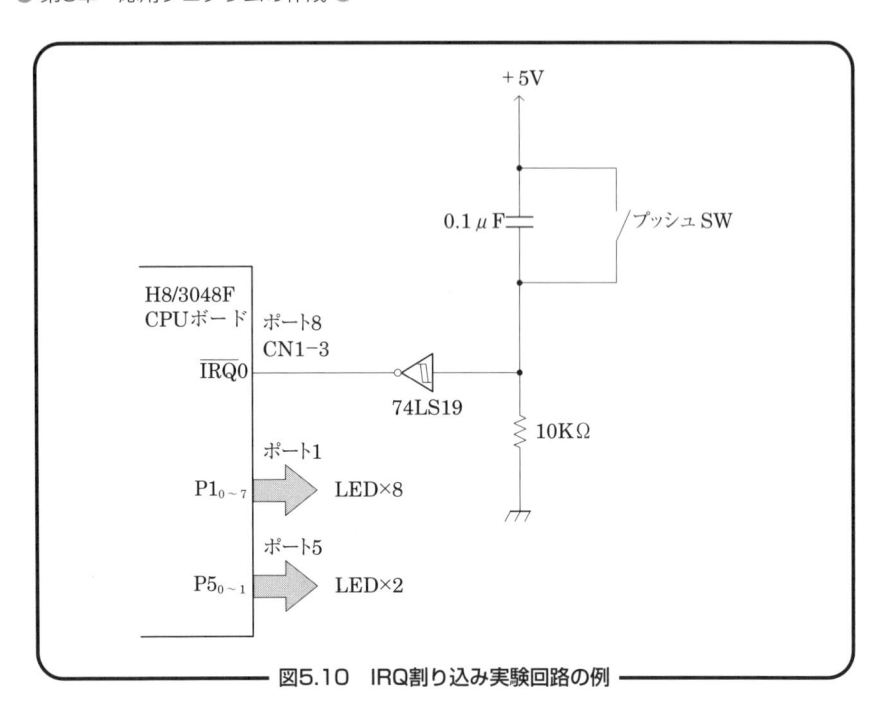

● 第5章 応用プログラムの作成 ●

図5.10　IRQ割り込み実験回路の例

　ローテイト命令により点灯するLEDが移動していくプログラムをメインプログラムとして使う．そして，割り込みがかかると，移動していたLEDの点灯を停止して，割り込みサブルーチンを実行する．割り込みサブルーチンは，ポート5のLED2個を3回点滅するものとする．割り込みサブルーチンが終われば，停止していたメインプログラムを再開する．

　プログラム5.4およびフローチャート（図5.11）を示す．

　割り込みサブルーチンで使用する汎用レジスタ，R0，ER5，ER6は，スタックへ待避（PUSH命令）しておき，メインプログラムへ戻る前に回復（POP命令）する．

156

プログラム5.4　IRQ割り込みサブルーチン

```
;************************************************************
;   プログラム5.4　IRQ割り込みサブルーチン
;************************************************************
        .CPU      300HA              ; CPUの指定
        .SECTION  PROG13,CODE,LOCATE=H'000000

        .DATA.L   MAIN               ; メインプログラムは000000H番地から
        .ORG      H'000030           ; IRQ0の割り込みベクタアドレス
        .DATA.L   IRQ0               ; 割り込みサブルーチンの開始アドレス

ISCR    .EQU      H'FFFFF4           ; IRQセンスコントロールレジスタ
IER     .EQU      H'FFFFF5           ; IRQイネーブルレジスタ
P1DR    .EQU      H'FFFFC2           ; ポート1のDRアドレス
P1DDR   .EQU      H'FFFFC0           ; ポート1のDDRアドレス
P5DR    .EQU      H'FFFFC8           ; ポート5のDRアドレス
P5DDR   .EQU      H'FFFFCA           ; ポート5のDDRアドレス

        .SECTION  ROM,CODE,LOCATE=H'000100

MAIN:   MOV.L     #H'FFFF00,ER7      ; SPの設定

        MOV.B     #H'FF,R0L          ; 出力用設定データ
        MOV.B     R0L,@P1DDR         ; ポート1を出力に設定
        MOV.B     R0L,@P5DDR         ; ポート5を出力に設定

        BSET      #0,@ISCR           ; 割り込みパルスの立下りエッジ
        BSET      #0,@IER            ; IRQ0の割り込みを許可
        LDC       #0,CCR             ; 割り込み許可

        MOV.B     #B'01111111,R0L    ; LED点灯データ
LOOP:   MOV.B     R0L,@P1DR          ; ポート1へ点灯データを出力
        JSR       @TIM2              ; タイマサブルーチンの呼び出し
        ROTR.B    R0L                ; 右に1ビットローテイト
        JMP       @LOOP              ; 繰り返し

;――――――割り込みサブルーチン――――――――――――――――――

IRQ0:   PUSH.W    R0                 ; レジスタの待避
        PUSH.L    ER5
```

```
            PUSH.L      ER6
            MOV.B       #D'3,R0H            ; 点灯回数データ
    YET:    MOV.B       #H'FF,R0L           ; 点灯データ
            MOV.B       R0L,@P5DR           ; ポート5のLED点灯
            JSR         @TIM2               ; タイマサブルーチンの呼び出し
            MOV.B       #H'00,R0L           ; 消灯データ
            MOV.B       R0L,@P5DR           ; ポート5のLED消灯
            JSR         @TIM2               ; タイマサブルーチンの呼び出し
            DEC.B       R0H                 ; 点灯回数データ-1
            BNE         YET                 ; ゼロでなければ,YETへジャンプ
            POP.L       ER6                 ;レジスタの回復
            POP.L       ER5
            POP.W       R0
            RTE                             ;割り込みから復旧

;─────────────────────────────────────────

    TIM2:   MOV.W       #D'50,E5            ;0.5秒のタイマサブルーチン
    L2      JSR         @TIM1
            DEC.W       #1,E5
            BNE         L2
            RTS

    TIM1:   MOV.L       #D'20000,ER6        ;10msのタイマサブルーチン
    L1      DEC.L       #1,ER6
            NOP
            BNE         L1
            RTS

            .END
```

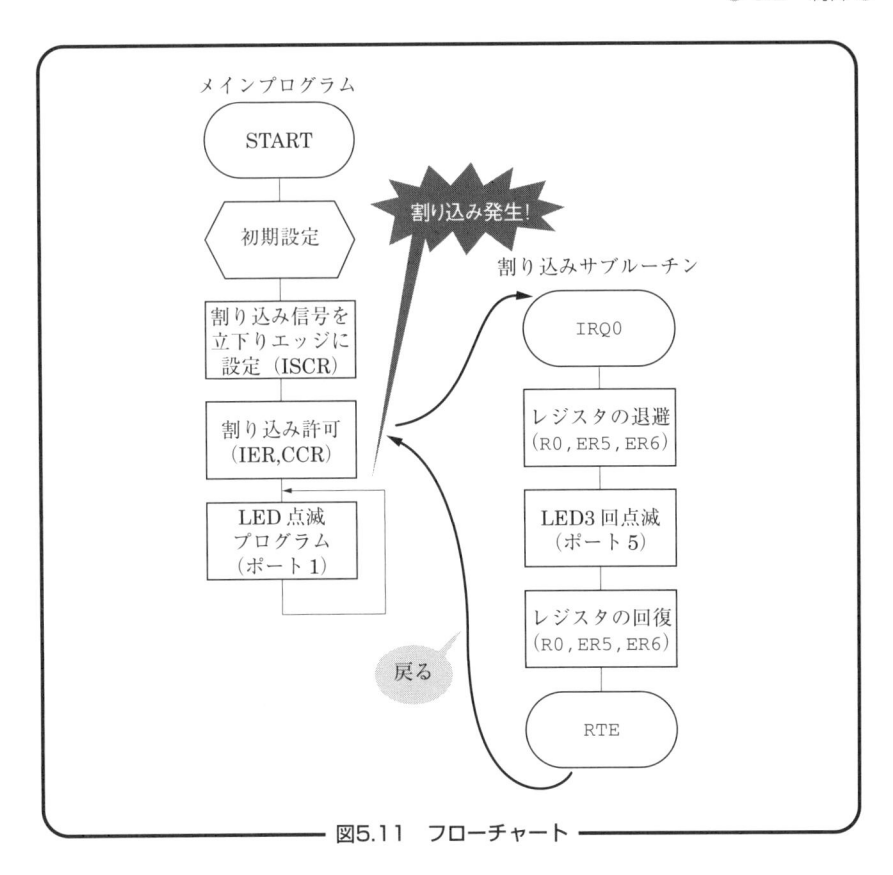

● 5.2 制御 ●

```
メインプログラム
  START
    ↓
  初期設定
    ↓                割り込み発生！
  割り込み信号を
  立下りエッジに         割り込みサブルーチン
  設定（ISCR）            IRQ0
    ↓                     ↓
  割り込み許可           レジスタの退避
  （IER,CCR）            （R0,ER5,ER6）
    ↓                     ↓
  LED点滅               LED3回点滅
  プログラム             （ポート5）
  （ポート1）              ↓
                      レジスタの回復
          戻る         （R0,ER5,ER6）
                         ↓
                         RTE
```

―――― 図5.11　フローチャート ――――

◀ 問5.2 ▶

割り込み制御において，汎用レジスタを待避させる理由を答えよ．

5.2　制　御

●1. 入出力ポートの設定

　入出力ポートの設定については，すでに15ページで説明した．ここでは，具体的なプログラムなどをみてみよう．図5.12に入出力ポートの設定手順を示す．

```
          ┌─────────────┐
       ①  │設定データの用意│
          └──────┬──────┘
                 ↓
          ┌─────────────┐              ・DDR：データディレクションレジスタ
       ②  │設定データ→DDR│                    ⎛ 0：入力 ⎞
          └──────┬──────┘                    ⎝ 1：出力 ⎠
                 ↓                    ・DR ：データレジスタ
          ┌─────────────┐              ・PCR：プルアップコントロールレジスタ
       ③  │プルアップ機能の設定│                ⎛ 0：プルアップ無効 ⎞
          │     PCR     │                    ⎝ 1：プルアップ有効 ⎠
          └──────┬──────┘
                 ↓
          ┌─────────────┐
       ④  │入出力データ↔DR│
          └─────────────┘
```

図5.12 入出力ポートの設定手順

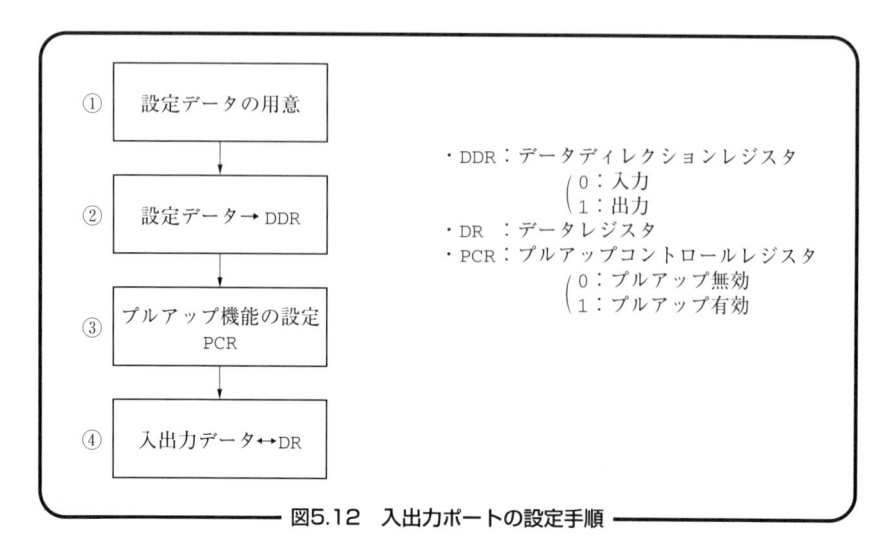

＜入出力ポートの設定手順＞

① 各ポートに対応する8ビットレジスタDDRへ転送する設定データを用意する．ポートの各ピンは入力用または出力用にピン（ビット）単位で設定できる．0を転送したピンは入力用，1を転送したピンは出力用となる．

② 用意した設定データを対応するDDRへ転送する．

③ ポートによっては，プルアップ機能を備えている（H8/3048Fでは，ポート2，4，5）．入出力ピンに対応する8ビットレジスタPCRのビットに1を転送するとプルアップ機能が有効となる．

④ 以上で，ポートの設定は終了である．設定を終えたポートに対応する8ビットレジスタDRを通じてデータの入力または出力を行う．

プログラム5.5に，ポート2を入力用として設定する例を示す．プルアップ機能は有効に設定している．

● 問5.2の解答
割り込み処理中にデータを破壊してしまう可能性があるため

5.2 制御

プログラム5.5 入出力設定

```
;************************************************
;    プログラム5.5  入出力設定
;************************************************
        .CPU     300HA              ; CPUの指定
        .SECTION PROG13,CODE,LOCATE=H'000000

P2DR    .EQU     H'FFFFC3           ; ポート2のDRアドレスをP2DRと設定
P2DDR   .EQU     H'FFFFC1           ; ポート2のDDRアドレスをP2DDRと設定
P2PCR   .EQU     H'FFFFD8           ; ポート2のPCRアドレスをP2PCRと設定

        .SECTION ROM,CODE,LOCATE=H'000100

        MOV.L    #H'FFFF00,ER7      ; SPの設定

        MOV.B    #H'00,R0L          ; 入出力用設定データ
        MOV.B    #H'FF,R0H          ; プルアップ機能設定データ

        MOV.B    R0L,@P2DDR         ; ポート1の設定データを転送
        MOV.B    R0H,@P2PCR         ; ポート1の設定データを転送

        JMP      @LOOP              ; 繰り返し

        .END
```

PCRの初期値はゼロ(プルアップ無効)である．プルアップとは，例えば，図5.13に示すような入力用に設定したポートのピンにおいて，接続したスイッチがOFFのときにピンがオープン(不安定な電位)にならないように，抵抗を用いて$+V_{cc}$に引き上げておく機能である．H8/3048Fでは，**MOS型FET**を用いて抵抗の働きをさせている．

図5.13 プルアップ機能

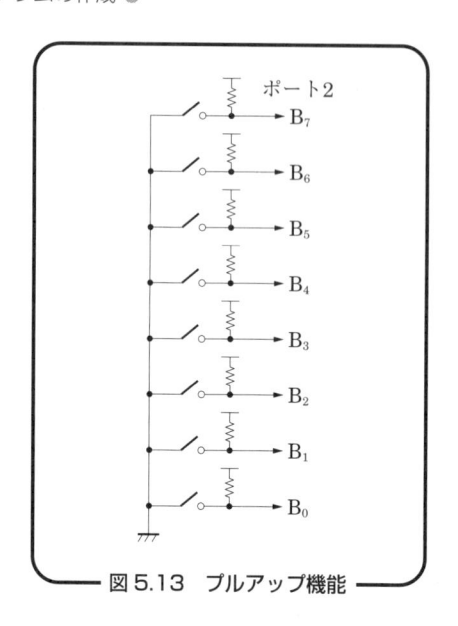

● 2. 出力処理

ポートを出力用に設定している場合，ピンに流れる電流の許容値に注意する必要がある．許容値を超える電流を流すとマイコンが壊れることもある．表5.3に，ポートの出力許容電流例を示す．

例として，ポート1にLED（発光ダイオード）を接続する場合を考えてみよう．接続の方法は2通りある（図5.14）．

表5.3 ポートの出力許容電流（H8/3048F）

項目			出力許容電流
出力 "0"	ピンあたり	ポート1, 2, 5, B	10mA
		上記以外	2mA
	総和	ポート1, 2, 5, Bの28ピンの総和	80mA
		上記を含むピンの総和	120mA
出力 "1"	ピンあたり	全出力ピン	2mA
	総和	全出力ピンの総和	40mA

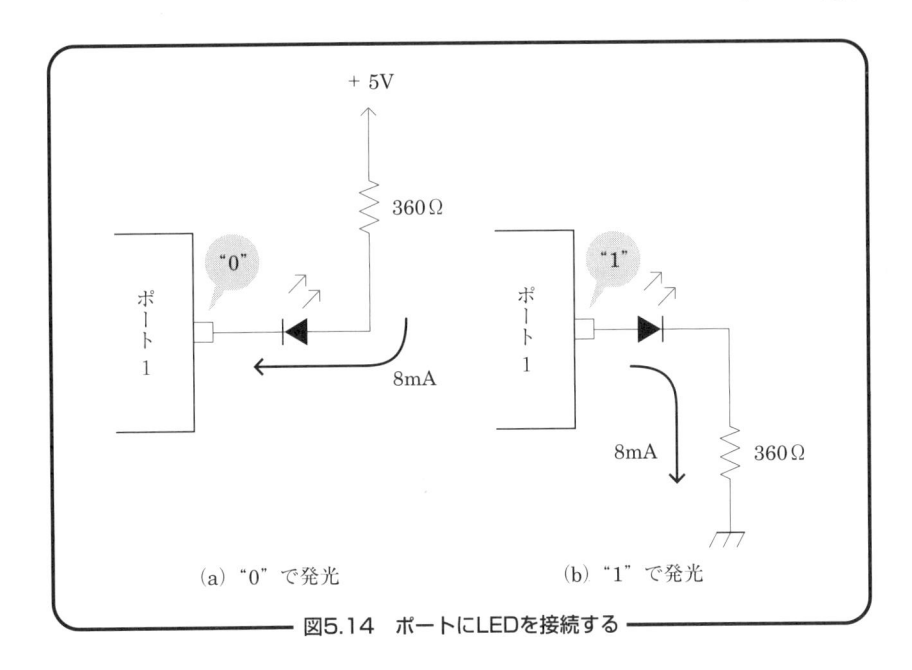

```
                              + 5V
                               ↑
                               │
                              ▭ 360Ω
                               │
   ┌─────┐  "0"                ┌─────┐  "1"
   │ポ   │     ▷│   ↗         │ポ   │     ▷│   ↗
   │ー   ├──────┤             │ー   ├──────┤
   │ト   │   ←──┘             │ト   │      └──↓
   │ 1   │    8mA             │ 1   │       8mA  ▭ 360Ω
   └─────┘                    └─────┘           │
                                                ⏚

      (a) "0"で発光                (b) "1"で発光
```

図5.14 ポートにLEDを接続する

　図5.14(a)は，出力ピンが"0"で，図5.14(b)は出力ピンが"1"でLEDが発光することを期待したものであり，論理的にはどちらも問題ない．

　しかし，ポートの出力許容電流の点からは，ポート1のピンあたりの出力許容電流は，"0"のときが10mA，"1"のときは2mAである（表5.3参照）．したがって，LEDに8mA程度の電流が流れるとすると，図5.14(b)では出力許容電流を超えてしまう．

　この他，複数のLEDをポートに接続する場合などには，出力端子の総和に対する出力許容電流にも注意しなければならない．

　ポートで直接制御できない回路を接続する場合には，別にドライブ回路を用意する必要がある．

　プログラム5.6にポート1を出力に設定し，そこに接続した8個のLEDをすべて同時に点滅させるプログラムを示す．点滅時間は，タイマサブルーチンTIM2によって決まる．

プログラム5.6　LED点滅プログラム

```
;************************************************************
;   プログラム5.6   LED点滅プログラム
;************************************************************
            .CPU        300HA               ; CPUの指定
            .SECTION    PROG4,CODE,LOCATE=H'000000
P1DR        .EQU        H'FFFFC2            ; ポート1のDRアドレスをP1DRと設定
P1DDR       .EQU        H'FFFFC0            ; ポート1のDDRアドレスをP1DDRと設定

            .SECTION    ROM,CODE,LOCATE=H'000100
            MOV.L       #H'FFFF00,ER7       ; SPの設定

            MOV.B       #H'FF,R0L           ; 出力用設定データ
            MOV.B       R0L,@P1DDR          ; ポート1を出力に設定

            MOV.B       #B'01111111,R0L     ; LED点灯データ
LOOP:       MOV.B       R0L,@P1DR           ; ポート1へ点灯データを出力
            JSR         @TIM2               ; タイマサブルーチンの呼び出し
            ROTR.B      R0L                 ; 右に1ビットローテイト
            JMP         @LOOP               ; 繰り返し
TIM2:       MOV.W       #D'500,E5           ; 5秒のタイマサブルーチン
L2:         JSR         @TIM1
            DEC.W       #1,E5
            BNE         L2
            RTS

TIM1:       MOV.L       #D'20000,ER6        ; 10msのタイマサブルーチン
L1:         DEC.L       #1,ER6
            NOP
            BNE         L1
            RTS
            .END
```

◀ 問5.3 ▶

プログラム5.6でタイマサブルーチンが必要な理由を答えよ．

●3. 入力処理

プログラム5.7に，入力に設定したポート2に接続した8個のスイッチからデータを入力して，出力に設定したポート1に接続したLEDを点灯させるプログラムを示す．ポート2のプルアップ機能を有効にしているため，スイッチがOFFの際には，ピンに"1"が入力される．

プログラム5.7 スイッチ入力プログラム

```
;************************************************************
;    プログラム5.7   スイッチ入力プログラム
;************************************************************
            .CPU       300HA                  ; CPUの指定
            .SECTION   PROG3,CODE,LOCATE=H'000000

P1DR        .EQU       H'FFFFC2               ; ポート1のDRアドレスをP1DRと設定
P1DDR       .EQU       H'FFFFC0               ; ポート1のDDRアドレスをP1DDRと設定
P2DR        .EQU       H'FFFFC3               ; ポート2のDRアドレスをP2DRと設定
P2DDR       .EQU       H'FFFFC1               ; ポート2のDDRアドレスをP2DDRと設定
P2PCR       .EQU       H'FFFFD8               ; ポート2のPCRアドレスをP2PCRと設定

            .SECTION   ROM,CODE,LOCATE=H'000100

            MOV.L      #H'FFFF00,ER7          ; SPの設定

            MOV.B      #H'FF,R0L              ; 出力用設定データ
            MOV.B      R0L,@P1DDR             ; ポート1を出力に設定

            MOV.B      #H'00,R0H              ; 入力用設定データ
            MOV.B      R0H,@P2DDR             ; ポート2を入力に設定
            MOV.B      R0L,@P2PCR             ; ポート2のプルアップを有効に設定

LOOP:       MOV.B      @P2DR,R0L              ; ポート2からスイッチデータを入力
            MOV.B      R0L,@P1DR              ; ポート1へ点灯データを出力

            JMP        @LOOP                  ; 繰り返し
            .END
```

● 第5章 応用プログラムの作成 ●

5.3 プログラム例

●1. 論理回路の代用

(1) 基本論理ゲート

論理回路の代用としてマイコンを使用することができる．図5.15に1つのH8/300H CPUをNOT，NAND，NORゲートとして使用する例を示す．これら3つのゲートの入力はポート2を使用し，出力はポート1を使用する．

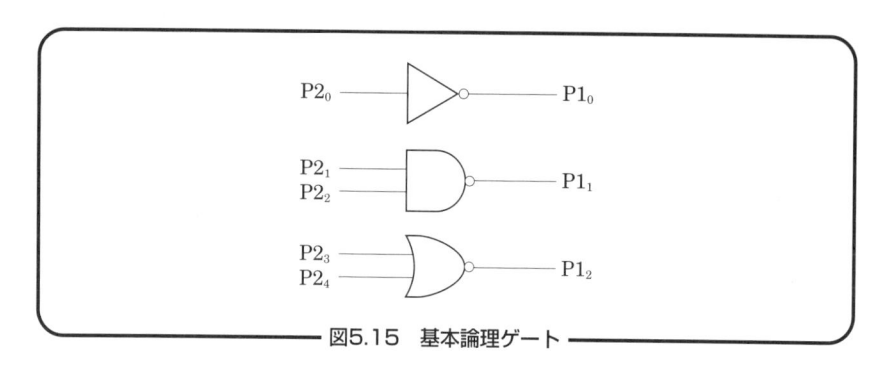

```
P2₀ ──▷○── P1₀

P2₁ ──┐
      ├─D○── P1₁
P2₂ ──┘

P2₃ ──┐
      ├─▷○── P1₂
P2₄ ──┘
```

― 図5.15 基本論理ゲート ―

プログラム5.8では，NOT部，NAND部，NOR部に分けて処理を行い，得られた結果をR2Lレジスタ経由に格納し，ポート1から出力する．

使用する実験回路の入力部は図5.13に示したように，スイッチONで入力"0"となり，出力部は図5.14(a)のように出力"0"で発光するようにLEDを接続してある．これらは，負論理であるために，プログラム5.8では，入力後と出力前に正負の論理を変換する処理を行っている．

図5.16にそれぞれの処理内容を示す．

●問5.3の解答

マイコンの動作は高速なので，タイマサブルーチンで時間かせぎをしなければ人間の目がLEDの点滅に追従できない．

プログラム5.8 基本論理ゲート

```
;   **********************************************************
;       プログラム5.8   基本論理ゲート
;   **********************************************************
            .CPU        300HA               ; CPUの指定
            .SECTION    PROG3,CODE,LOCATE=H'000000

P1DR        .EQU        H'FFFFC2            ; ポート1のDRアドレスをP1DRと設定
P1DDR       .EQU        H'FFFFC0            ; ポート1のDDRアドレスをP1DDRと設定
P2DR        .EQU        H'FFFFC3            ; ポート2のDRアドレスをP2DRと設定
P2DDR       .EQU        H'FFFFC1            ; ポート2のDDRアドレスをP2DDRと設定
P2PCR       .EQU        H'FFFFD8            ; ポート2のPCRアドレスをP2PCRと設定

            .SECTION    ROM,CODE,LOCATE=H'000100

            MOV.L       #H'FFFF00,ER7       ; SPの設定

            MOV.B       #H'FF,R0L           ; 出力用設定データ
            MOV.B       R0L,@P1DDR          ; ポート1を出力に設定

            MOV.B       #H'00,R0H           ; 入力用設定データ
            MOV.B       R0H,@P2DDR          ; ポート2を入力に設定
            MOV.B       R0L,@P2PCR          ; ポート2のプルアップを有効に設定

            MOV.B       @P2DR,R0L           ; ポート2からスイッチデータを入力
            NOT.B       R0L                 ; 入力を正論理に変換

            MOV.B       #H'00,R2L           ; 結果レジスタ初期化
                                            ; NOT部
            BTST        #0,R0L              ; 0ビット目の判定
            BNE         NT1                 ; 1なら何もしない
            BSET        #0,R2L              ; 0なら出力ビット0をセット
NT1:        NOP

                                            ; NAND部
            MOV.B       #H'00,R1L           ; 作業用レジスタ1初期化
            MOV.B       #H'00,R1H           ; 作業用レジスタ2初期化
            BTST        #1,R0L              ; 1ビット目の判定
            BEQ         ND1                 ; 0なら何もしない
            BSET        #0,R1L              ; 1なら作業用レジスタ1に1をセット
```

```
ND1:    NOP
        BTST    #2,R0L          ; 2ビット目の判定
        BEQ     ND2             ; 0なら何もしない
        BSET    #0,R1H          ; 1なら作業用レジスタ2に1をセット
ND2:    NOP
        AND.B   R1L,R1H         ; NAND
        NOT.B   R1H
        BTST    #0,R1H          ; 0ビット目の判定
        BEQ     ND3             ; 0なら何もしない
        BSET    #1,R2L          ; 1なら出力ビット1をセット
ND3:    NOP
                                ; NOR部
        MOV.B   #H'00,R1L       ; 作業用レジスタ1初期化
        MOV.B   #H'00,R1H       ; 作業用レジスタ2初期化
        BTST    #3,R0L          ; 3ビット目の判定
        BEQ     NR1             ; 0なら何もしない
        BSET    #0,R1L          ; 1なら作業用レジスタ1に1をセット
NR1:    NOP
        BTST    #4,R0L          ; 4ビット目の判定
        BEQ     NR2             ; 0なら何もしない
        BSET    #0,R1H          ; 1なら作業用レジスタ2に1をセット
NR2:    NOP
        OR.B    R1L,R1H         ; NOR
        NOT.B   R1H
        BTST    #0,R1H          ; 0ビット目の判定
        BEQ     NR3             ; 0なら何もしない
        BSET    #2,R2L          ; 1なら出力ビット2をセット
NR3:    NOP

        NOT.B   R2L             ; 出力を負論理に変換
        MOV.B   R2L,@P1DR       ; ポート1へ点灯データを出力

LOOP:   JMP     @LOOP           ; 繰り返し
        .END
```

●5.3 プログラム例●

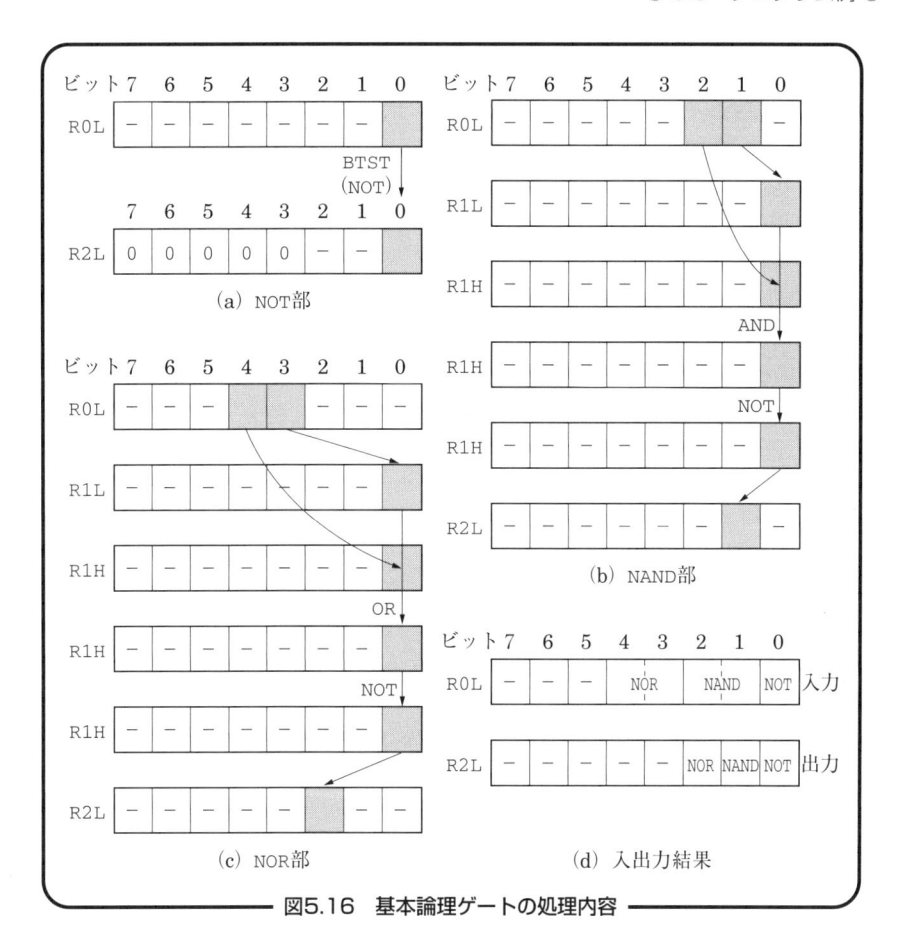

図5.16 基本論理ゲートの処理内容

- NOT部

 NOT用入力データの格納されているレジスタR0Lの0ビット目をBTST命令で検査し，"0"ならばNOT用出力データを格納するレジスタR2Lの0ビット目に"1"をセットする．R2Lは0に初期化しているため，R0Lの0ビット目が"1"であった場合には，何もしない．

- NAND部

 NAND用入力データの格納されているレジスタR0Lの1ビット目をBTST命令で

● 第5章 応用プログラムの作成 ●

検査し，"1"ならば作業用レジスタR1Lの0ビット目に"1"をセットする．同様に，もう一方のNAND用入力データの格納されているレジスタR0Lの2ビット目をBTST命令で検査し，"1"ならば作業用レジスタR1Hの0ビット目に"1"をセットする．次にR1LとR1HのNAND（ANDの後NOTする）演算して，その結果を出力用レジスタR2Lの1ビット目に反映させる．

● NOR部

NOR用入力データの格納されているレジスタR0Lの3ビット目をBTST命令で検査し，"1"ならば作業用レジスタR1Lの0ビット目に"1"をセットする．同様に，もう一方のNOR用入力データの格納されているレジスタR0Lの4ビット目をBTST命令で検査し，"1"ならば作業用レジスタR1Hの0ビット目に"1"をセットする．次にR1LとR1HのNOR（ORの後NOTする）演算して，その結果を出力用レジスタR2Lの2ビット目に反映させる．

(2) デコーダ

図5.17に8入力1出力のデコーダを示す．入力$P2_0$～$P2_7$のすべてが"1"の場合のみ，出力$P1_0$は"1"となる．このプログラム例をプログラム5.9に示す．

処理の内容を図5.18のフローチャートに示す．入力ビットがすべて"1"の場合のみ，デコード結果"1"をポート1の0ビット目に出力する．

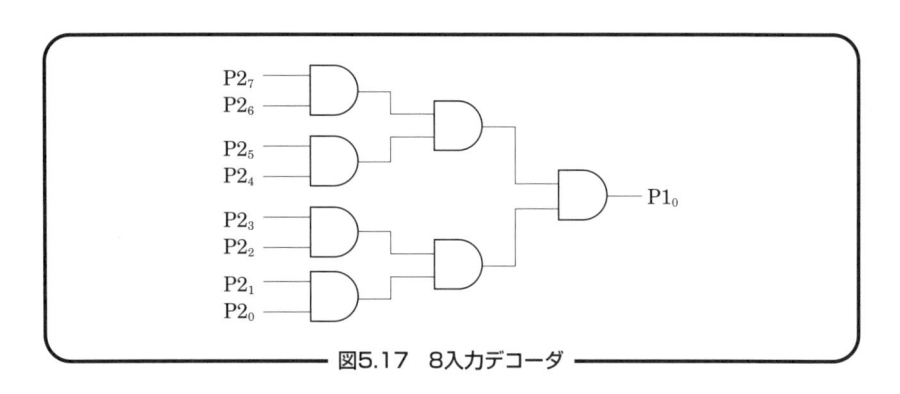

図5.17　8入力デコーダ

5.3 プログラム例

プログラム5.9 8入力デコーダ

```
;*******************************************************
;   プログラム5.9  8入力デコーダ
;*******************************************************
            .CPU        300HA               ; CPUの指定
            .SECTION    PROG3,CODE,LOCATE=H'000000

P1DR        .EQU        H'FFFFC2            ; ポート1のDRアドレスをP1DRと設定
P1DDR       .EQU        H'FFFFC0            ; ポート1のDDRアドレスをP1DDRと設定
P2DR        .EQU        H'FFFFC3            ; ポート2のDRアドレスをP2DRと設定
P2DDR       .EQU        H'FFFFC1            ; ポート2のDDRアドレスをP2DDRと設定
P2PCR       .EQU        H'FFFFD8            ; ポート2のPCRアドレスをP2PCRと設定

            .SECTION    ROM,CODE,LOCATE=H'000100

            MOV.L       #H'FFFF00,ER7       ; SPの設定

            MOV.B       #H'FF,R0L           ; 出力用設定データ
            MOV.B       R0L,@P1DDR          ; ポート1を出力に設定

            MOV.B       #H'00,R0H           ; 入力用設定データ
            MOV.B       R0H,@P2DDR          ; ポート2を入力に設定
            MOV.B       R0L,@P2PCR          ; ポート2のプルアップを有効に設定

            MOV.B       @P2DR,R0L           ; ポート2からスイッチデータを入力
            NOT.B       R0L                 ; 入力を正論理に変換

            MOV.B       #H'00,R2L           ; 結果レジスタ初期化

                                            ; デコード部
            MOV.B       #B'11111111,R1L     ; 比較データの設定
            SUB.B       R1L,R0L             ; すべてのビットは1か
            BNE         L1                  ; 1なら何もしない
            BSET        #0,R2L              ; 0なら出力ビット0をセット
L1:         NOP

            NOT.B       R2L                 ; 出力を負論理に変換
            MOV.B       R2L,@P1DR           ; ポート1へ点灯データを出力

LOOP:       JMP         @LOOP               ; 繰り返し
            .END
```

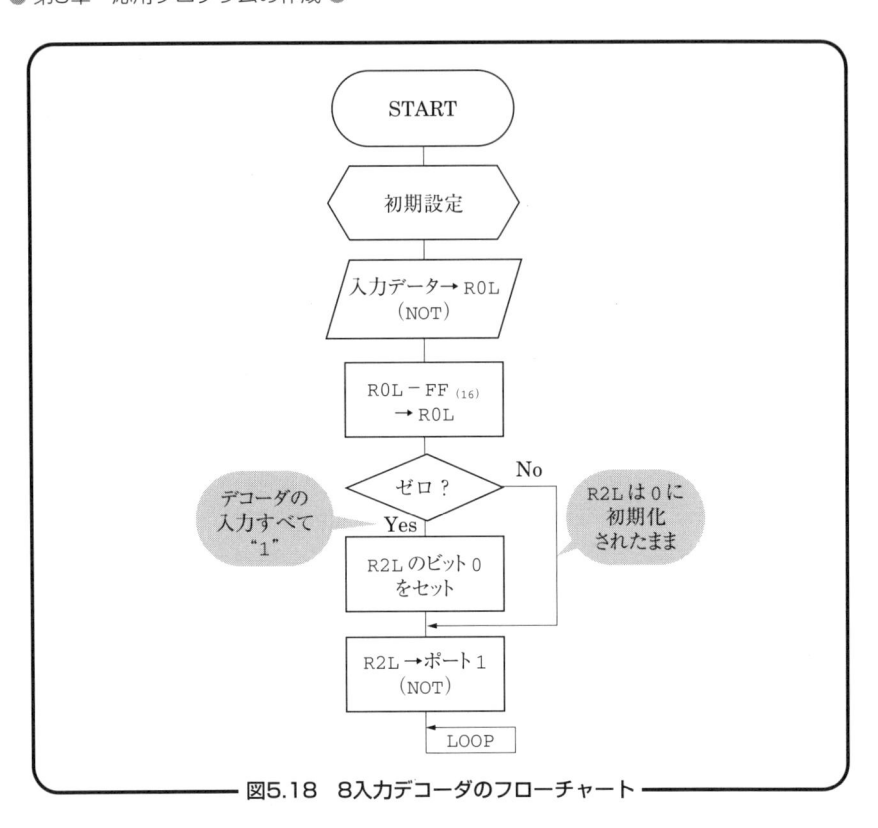

● 第5章 応用プログラムの作成 ●

```
              START
                │
            初期設定
                │
         入力データ→R0L
            (NOT)
                │
         R0L − FF(16)
            → R0L
                │
              ゼロ？ ──No──→ R2Lは0に
          Yes   │              初期化
    デコーダの   │              されたまま
    入力すべて   │
      "1"      │
         R2Lのビット0
           をセット
                │←───────────┘
         R2L→ポート1
            (NOT)
                │
              LOOP
```

――――― 図5.18 8入力デコーダのフローチャート ―――――

●2. 入力ノイズの除去

機械式のスイッチを使用して,ディジタル信号を発生させるときに,機械接点のON／OFFに伴う**チャタリング**と呼ばれるノイズが発生する.チャタリングが発生すると,出力は"1","0"を繰り返した後に安定する.しかし,不安定な状態で使用した場合は,誤動作の原因となる可能性がある.そこで,一般的には,フリップフロップを応用したチャタリング除去回路を使用し,スイッチ部にチャタリングが発生しても出力には伝わらないようにする.

一方,チャタリングをソフトウェアで除去する方法もある.プログラム5.10にチャタリング除去プログラム,図5.19にフローチャートの例を示す.

● 5.3 プログラム例 ●

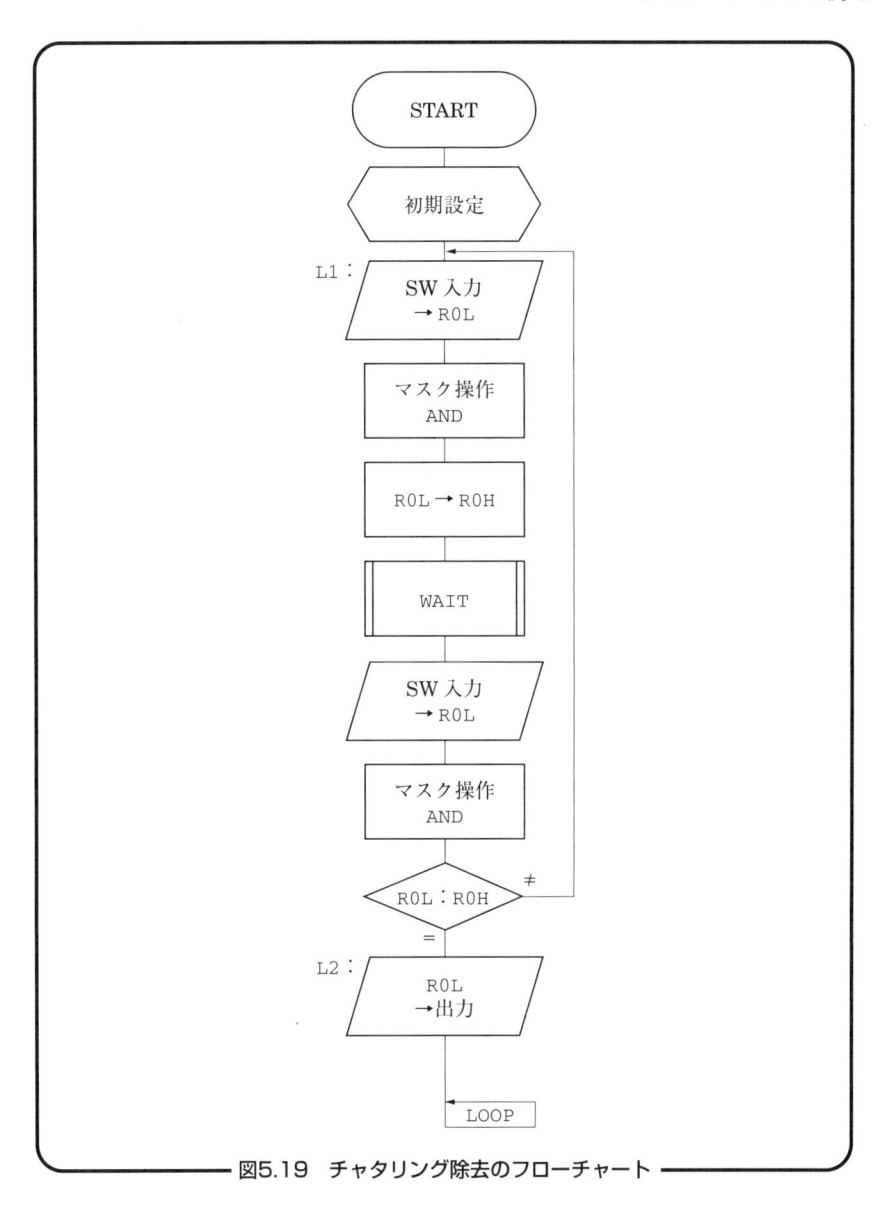

図5.19 チャタリング除去のフローチャート

● 第5章 応用プログラムの作成 ●

プログラム5.10 チャタリング除去

```
; **************************************************
;     プログラム5.10   チャタリング除去
; **************************************************
            .CPU      300HA                ; CPUの指定
            .SECTION  PROG3,CODE,LOCATE=H'000000

P1DR        .EQU      H'FFFFC2             ; ポート1のDRアドレスをP1DRと設定
P1DDR       .EQU      H'FFFFC0             ; ポート1のDDRアドレスをP1DDRと設定
P2DR        .EQU      H'FFFFC3             ; ポート2のDRアドレスをP2DRと設定
P2DDR       .EQU      H'FFFFC1             ; ポート2のDDRアドレスをP2DDRと設定
P2PCR       .EQU      H'FFFFD8             ; ポート2のPCRアドレスをP2PCRと設定

            .SECTION  ROM,CODE,LOCATE=H'000100

            MOV.L     #H'FFFF00,ER7        ; SPの設定

            MOV.B     #H'FF,R0L            ; 出力用設定データ
            MOV.B     R0L,@P1DDR           ; ポート1を出力に設定

            MOV.B     #H'00,R0H            ; 入力用設定データ
            MOV.B     R0H,@P2DDR           ; ポート2を入力に設定
            MOV.B     R0L,@P2PCR           ; ポート2のプルアップを有効に設定

L1:         MOV.B     @P2DR,R0L            ; スイッチデータを入力1回目
            AND.B     #H'01,R0L            ; 上位7ビットをクリア
            MOV.B     R0L,R0H              ; 入力データの待避

            BSR       WAIT                 ; ウエイトサブルーチン呼び出し

            MOV.B     @P2DR,R0L            ; スイッチデータを入力2回目
            AND.B     #H'01,R0L            ; 上位7ビットをクリア
            SUB.B     R0L,R0H              ; 前回のデータと比較
            BEQ       L2                   ; 一致していれば出力処理へ
            JMP       @L1                  ; 不一致なら再入力
L2:         NOP

            MOV.B     R0L,@P1DR            ; ポート1へ点灯データを出力

LOOP:       JMP       @LOOP                ; 繰り返し
```

```
WAIT:   MOV.L    #D'20000,ER6      ; 10msのタイマサブルーチン
W1      DEC.L    #1,ER6
        NOP
        BNE      W1
        RTS

        .END
```

　一定時間後，入力が同一の値を示す場合には，チャタリングが発生していないとみなし，入力の確定を行う．プログラムでは，サブルーチンWAITにより，入力読み取り時間の間隔を定めて，スイッチを再度読み込んでいる．

　このプログラムでは，スイッチを2回検査しているが，さらに応答速度や信頼性を高めたい場合には，ウエイト時間を短くして検査回数を増加させるとよい．

● 3. ライントレースカー

　入力したデータを処理し，制御対象物を制御する例として，ライントレースカーを取り上げる．図5.20にライントレースカーの構成例を示す．このライントレースカーは，白いコース上に描かれた黒線をトレースして走行する．左右2つのラインセンサは，白か黒を検知する．独立して設置された左右のモータおよびギアボックスによって，左右のタイヤは回転する．進行方向の制御は，片方のモータを止めることによって行う．

　図5.21にライントレースカーの回路例を示す．$P2_0$, $R2_1$でラインセンサ（図5.22参照）の検知結果を入力し，$P1_0$, $P1_1$によって，モータを駆動するN型MOSFETを制御する．表5.4にセンサおよび駆動回路の仕様を示す．

● 第5章　応用プログラムの作成 ●

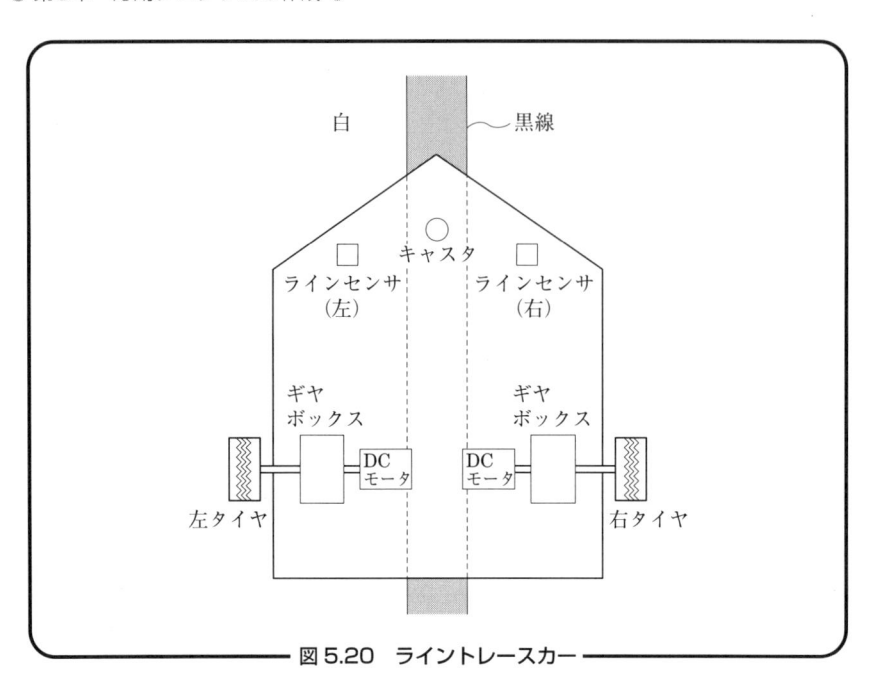

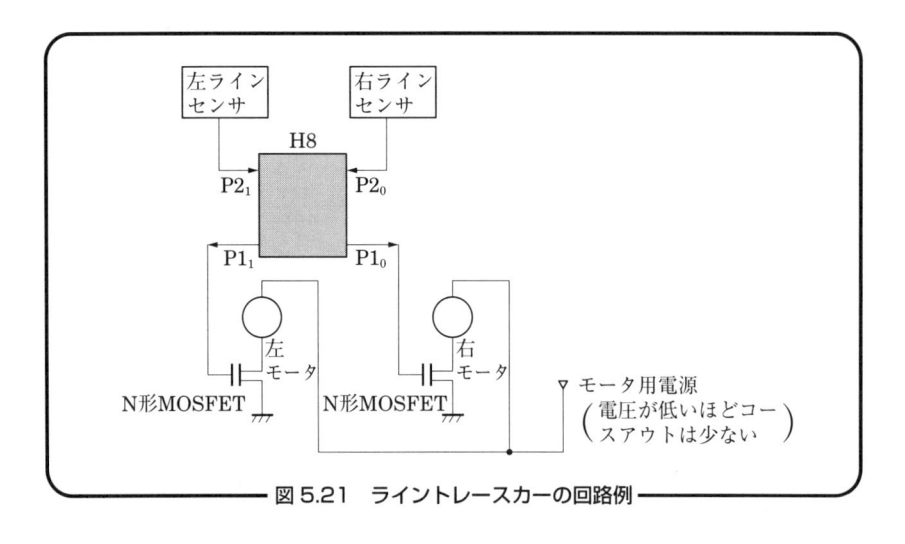

図 5.20　ライントレースカー

図 5.21　ライントレースカーの回路例

表5.4　ラインセンサと駆動回路の仕様

パーツ	仕様	ポートの割り当て
ラインセンサ	白を検知："0"を出力 黒を検知："1"を出力	左：$P2_1$ 右：$P2_0$
駆動部	"1"を入力：前進 "0"を入力：停止	左：$P1_1$ 右：$P1_0$

図5.22　ラインセンサ回路例

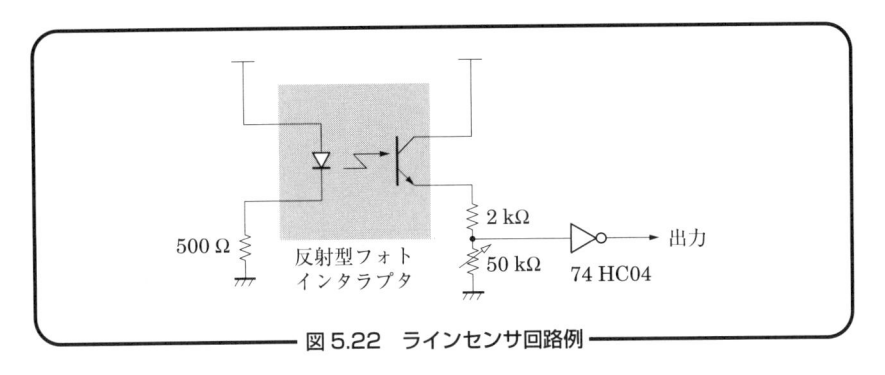

　図5.23にライントレースカーの処理内容を示す．左右のセンサが白を検知しているときは，正常にコースをトレースしているものとする．コースを外れそうになることは，左右どちらかのセンサが黒線を検知したことにより判断する．

　プログラム5.11にライントレースカーの制御プログラム例を示す．サブルーチン"READ1"では，ラインセンサの検知結果をポート$P2_0$，$P2_1$から読み取る．コース上の細かいごみなども，ラインセンサが検知してしまうので，一定の時間をおいて再度読み取りを行っている．誤動作が多い場合は，この時間や回数を調整することも対策の1つとしてあげられる．

● 第5章 応用プログラムの作成 ●

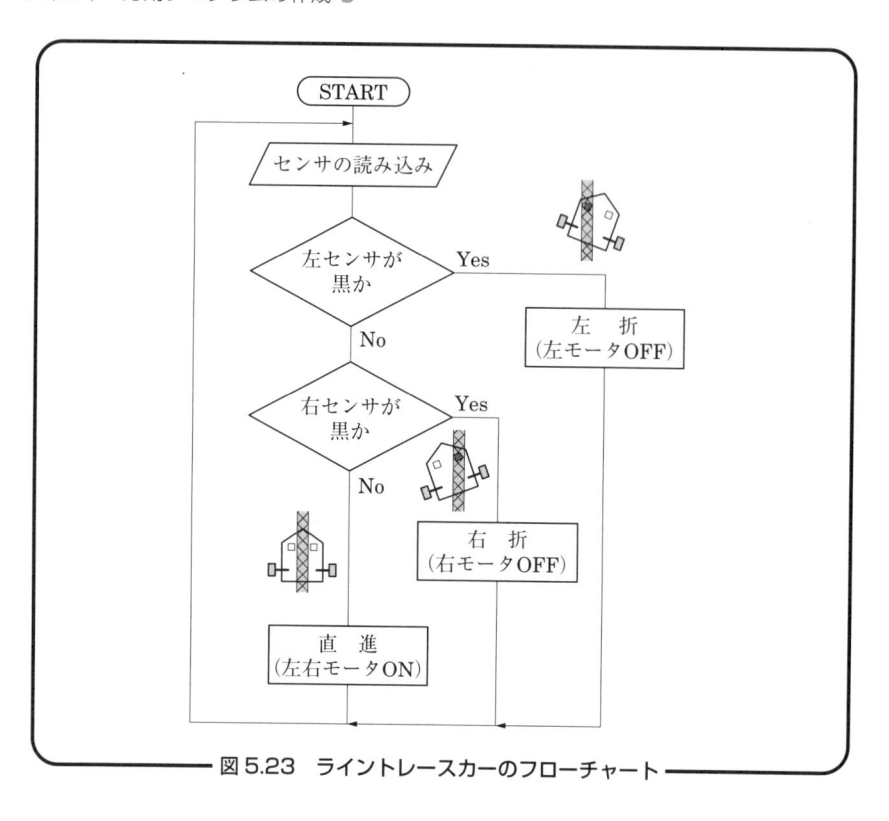

図5.23 ライントレースカーのフローチャート

　サブルーチン"MOT1"では，センサからの読み取りデータを解析し，モータを制御する．図5.23のフローチャートに示すように，黒線を検知した場合は，進行方向を調整する．ただし，完全にコースアウトした場合は，左右センサとも白を検知し，正常とみなされるため復帰することはできない．

　表5.5にライントレースカーにおけるコースアウトの主な原因とその対策について示す．

5.3 プログラム例

プログラム5.11 ライントレースカー

```
; *********************************************************
;    プログラム5.11  ライントレースカー
; *********************************************************
            .CPU      300HA                  ; CPUの指定
            .SECTION  PROG3,CODE,LOCATE=H'000000

P1DR        .EQU      H'FFFFC2               ; ポート1のDRアドレスをP1DRと設定
P1DDR       .EQU      H'FFFFC0               ; ポート1のDDRアドレスをP1DDRと設定
P2DR        .EQU      H'FFFFC3               ; ポート2のDRアドレスをP2DRと設定
P2DDR       .EQU      H'FFFFC1               ; ポート2のDDRアドレスをP2DDRと設定
P2PCR       .EQU      H'FFFFD8               ; ポート2のPCRアドレスをP2PCRと設定

            .SECTION  ROM,CODE,LOCATE=H'000100

            MOV.L     #H'FFFF00,ER7          ; SPの設定

            MOV.B     #H'FF,R0L              ; 出力用設定データ
            MOV.B     R0L,@P1DDR             ; ポート1を出力に設定

            MOV.B     #H'00,R0H              ; 入力用設定データ
            MOV.B     R0H,@P2DDR             ; ポート2を入力に設定
            MOV.B     R0L,@P2PCR             ; ポート2のプルアップを有効に設定

            MOV.B     #H'00,R2L              ; 停止データ
            MOV.B     R2L,@P1DR              ; 左右モータの停止

STEP1:      BSR       READ1                  ; センサ読み込み
            BSR       MOT1                   ; モータ制御
            JMP       @STEP1

READ1:      MOV.B     @P2DR,R0L              ; センサ読み込み1回目
            AND.B     #H'03,R0L              ; 上位6ビットをクリア
            MOV.B     R0L,R0H                ; 入力データの待避

            BSR       WAIT                   ; ウエイトサブルーチン呼び出し

            MOV.B     @P2DR,R0L              ; センサ読み込み2回目
            AND.B     #H'03,R0L              ; 上位6ビットをクリア
```

```
              SUB.B     R0L,R0H        ; 前回のデータと比較
              BEQ       L2             ; 一致していれば出力処理へ
              JMP       @READ1         ; 不一致なら再入力
      L2:     NOP
              NOT.B     R0L
              RTS

      WAIT:   MOV.L     #D'2000,ER6    ; 1msのタイマサブルーチン
      W1:     DEC.L     #1,ER6
              NOP
              BNE       W1
              RTS

      MOT1:   BTST      #1,R0L         ; 左センサ黒か
              BNE       MOT2
              BTST      #0,R0L         ; 右センサ黒か
              BNE       MOT3
              MOV.B     #H'03,R2L      ; 直進
              BRA       MOT4
      MOT2:   MOV.B     #H'01,R2L      ; 左折
              BRA       MOT4
      MOT3:   MOV.B     #H'02,R2L      ; 右折
      MOT4:   MOV.B     R2L,@P1DR      ; 回転データ出力
              RTS

              .END
```

表5.5 コースアウトの主な原因とその対策

症状	原因		対策
ラインセンサが黒線上にない場合でも進行方向が変わる場合がある．	ラインセンサ部	ラインセンサの感度が低い．(白を黒と検知)	ラインセンサの取り付け高を下げる
			ラインセンサの抵抗値を変え，感度を上げる（図5.22の可変抵抗を大きくする）
		ラインセンサがごみを検知する．	コースをきれいにする
			連続読み取り回数や時間間隔を変更する
	駆動部	駆動系の左右のバランスが悪い．	駆動系に直接電源を接続してチェック，修理する．
ラインセンサが黒線上にある場合でも進行方向が変わらない場合がある．	ラインセンサ部	ラインセンサの感度が高い．(黒を白と検知)	ラインセンサの取り付け高を上げる
			ラインセンサの抵抗値を変え，感度を下げる（図5.22の可変抵抗を小さくする）

演 習 問 題

5.1 サブルーチンを連続して呼び出せる回数には制限がある理由を説明せよ．
5.2 サブルーチンより復帰する命令を示せ．
5.3 割り込み処理より復帰する命令を示せ．
5.4 100回のNOP命令を繰り返し実行するプログラムを作成せよ．
5.5 次のプログラムは，ポート1に接続した8個のLEDを点滅させるものである．①〜④を埋めてプログラムを完成しなさい．

演習問題5.5　LED点滅プログラム

```
;****************************************************************
;   演習問題5.5　LED点滅プログラム
;****************************************************************
            .CPU        300HA               ; CPUの指定
            .SECTION    PROG4,CODE,LOCATE=H'000000
P1DR        .EQU        H'FFFFC2
P1DDR       .EQU        H'FFFFC0
            .SECTION    ROM,CODE,LOCATE=H'000100
            MOV.L       #H'FFFF00,ER7
            MOV.B       #H'FF,R0L
            MOV.B       R0L,@P1DDR
LOOP:       MOV.B       #H'55,①□
            MOV.B       R0L,@P1DR
            JSR         @TIM2
            MOV.B       #H'AA,②□
            MOV.B       R0L,@P1DR
            JSR         @TIM2
            JMP         ③□
TIM2:       MOV.W       #D'100,E5
L2:         JSR         ④□
            DEC.W       #1,E5
            BNE         L2
            RTS
TIM1:       MOV.L       #D'20000,ER6
L1:         DEC.L       #1,ER6
            NOP
            BNE         L1
            RTS
            .END
```

第6章
プログラム開発ソフトの利用

学習のポイント　H8マイコンのプログラムを開発するためには、アセンブラなどのソフトウェアが必要となる。ここでは、市販されているいくつかの開発用ソフトウェアについて紹介する。

6.1　開発に必要なソフトウェア

　H8/300H用プログラムを開発する際に使用するソフトウェアについてみてみよう。プログラムの開発には、アセンブラ言語を使用するなら**アセンブラ**、C言

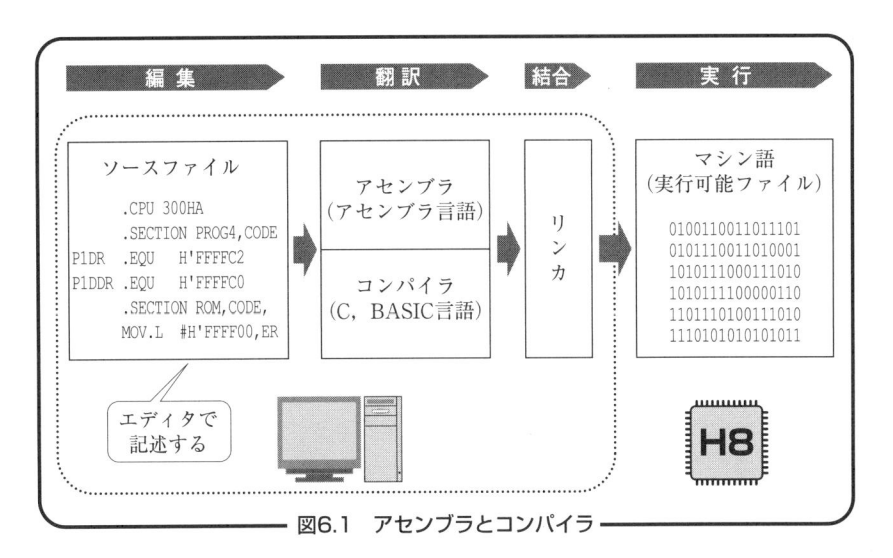

```
ソースファイル
        .CPU 300HA
        .SECTION PROG4,CODE
P1DR  .EQU  H'FFFFC2
P1DDR .EQU  H'FFFFC0
        .SECTION ROM,CODE,
        MOV.L #H'FFFF00,ER
```

編集 → 翻訳 → 結合 → 実行

アセンブラ（アセンブラ言語）
コンパイラ（C，BASIC言語）
リンカ

マシン語（実行可能ファイル）
0100110011011101
0101110011010001
1010111000111010
1010111100000110
1101110100111010
1110101010101011

エディタで記述する

図6.1　アセンブラとコンパイラ

語を使用するならCコンパイラが必要となる．これらは，ソースファイルをマシン語ファイルに変換するソフトウェアである（図6.1）．

マシン語に変換されたファイルは，**リンカ**というソフトウェアを使用して，必要な情報を組み込んで実行可能ファイルに変換する．しかし多くの場合，リンカソフトはアセンブラやコンパイラに付属している．

アセンブラとコンパイラの他には，デバッガソフトなどを必要に応じて準備すればよい．次によく使用されている開発用ソフトウェアを紹介する．

(1) HEW（High-performance Embedded Workshop）

HEWは，ルネサステクノロジが開発したWindows上で動作するH8シリーズ用の統合開発環境ソフトウェアである（図6.2）．

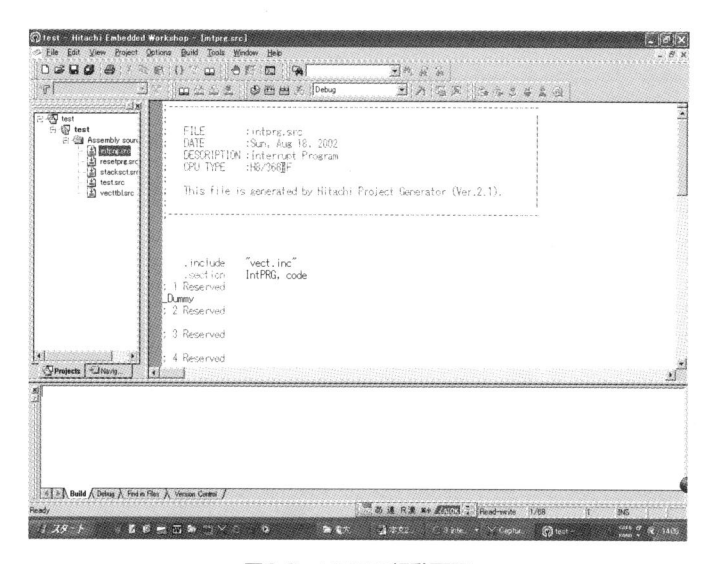

図6.2　HEWの起動画面

画面のメニューから，使用するマイコンの機種を選択して使用できる．エディタはもちろん，アセンブラ，Cコンパイラ，デバッガ，シミュレータなどの機能を備えており，一連の作業を同じ画面上で行えるのでスムーズなプログラム開発が可能である．しかし，製品版は個人で購入するには高価であろう．

(2) YCシリーズ

(有)イエローソフトが販売している統合開発環境ソフトウェアに，YCシリーズCコンパイラがある．これは，アセンブラに加えてCコンパイラを搭載した高機能で使いやすいソフトウェアであり，また価格も手頃なのでお勧めしたい（2007.4現在，29,400円）．この製品の特徴を簡単に紹介する．

● アセンブラ（図6.3）

統合開発環境を備えており，マクロや構造化命令などで高級言語ライクな開発が可能である．

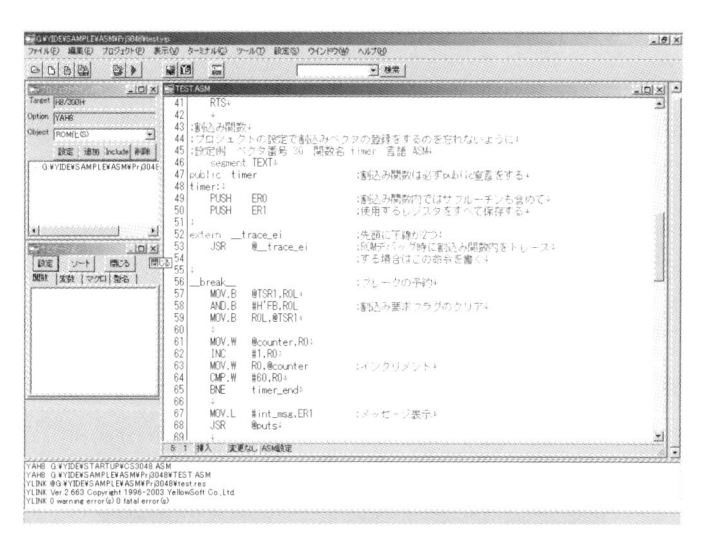

図6.3　YCシリーズによるアセンブラプログラムの開発

● Cコンパイラ（図6.4）

フラッシュROMライタを含む統合開発環境を備えており，スムーズな操作が可能である．また，ANSI規格に準拠したフルセットのCコンパイラを装備し本格的な開発にも使用できる．

別売のイエロースコープというデバッガソフトウェアを使用すれば，ソースレベルデバッグやブレーク，トレースを含むデバッグなどが行える．イエローソフトでは，H8 CPUボードなどの販売も行っている．

● 第6章　プログラム開発ソフトの利用 ●

図6.4　YCシリーズによるCプログラムの開発

(3)　秋月電子通商版

　秋月電子通商は，H8シリーズの各種ボードなどを販売しているが，同時に開発用ツールの提供も行っている．例えばアセンブラ，Cコンパイラ，BASICコンパイラ，デバッガなどを各2千円程度で手に入れることができる（図6.5）．

　これらのソフトウェアは，Windows95/98のDOSモード上で動作する．

図6.5　安価な開発用ソフトウェアの例

また，開発キットと称したマイコンボードと開発用ソフトウェアがセットになった製品ならば，より割安で購入できる．

6.2 開発に必要なハードウェア

次にプログラム開発に必要なハードウェアについてみてみよう．ソースファイルの作成，アセンブルやコンパイル作業にパソコンは必須である．さらに，作成した実行可能ファイルをH8/300H内のフラッシュメモリ(ROM)に転送する際にも，パソコンを使用する．

● 通信インタフェース

H8/300Hとパソコンを接続するための通信機能（SIO）は，マイコンに内蔵されている．しかし，例えばH8/3048Fなどの機種では，マイコン側の電圧は5Vなのに対して，パソコン側で使用するRS-232Cインタフェースは±12Vの電圧を扱う．したがって，電圧を調整する回路が必要になるが，市販のマイコンボードでは，この回路が内蔵されているものが多い．

また，H8/3048Fでは，フラッシュメモリ(ROM)の書き込みに別電圧を必要とするが，H8/3048F-ONEやH8/3052Fなどのように5Vの単一電源でROMの書き込みができる機種もある．

H8/3048Fを使用するならば，H8/3048Fボードを差し込んで用いる「H8マイコン専用マザーボード」（秋月電子通商）というROMライタ回路を備えた製品がある．図6.6に，「H8マイコン専用マザーボード」に「AKI-H8/3048Fボード」を差し込んで，RS232Cケーブルでパソコンと接続した例を示す．

また，プログラムの書き込みに必要な「F-ZTAT」という名前のライタソフトは，秋月電子通商が提供しているアセンブラソフトのCD-ROMに収録されている．

187

● 第6章 プログラム開発ソフトの利用 ●

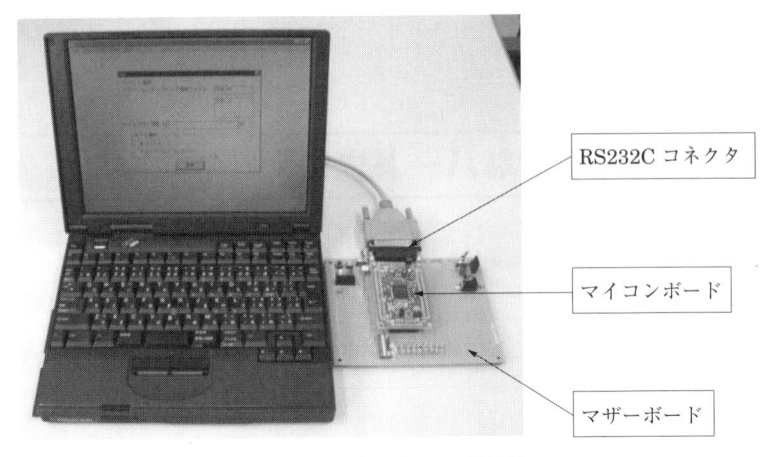

図6.6 マザーボードの接続例

6.3 アセンブラによる開発例

ここでは，秋月電子通商から販売されているマイコンボードAKI-H8/3048F（図1.20）と，CD–ROM（図6.5）を用いたアセンブラプログラムの開発例を説明する．図6.7に開発の流れを示す．

(1) 開発の流れ
① ソースプログラムの記述
　Windowsに付属のワードパッドなどのエディタソフトを使用して，ソースプログラムを記述する．そして，ファイルの拡張子を「mar」にして保存する．
② アセンブル（マシン語へ変換）
　アセンブラソフトを使用して，ソースファイルをアセンブルする．アセンブルの方法は，ソースファイル（拡張子mar）のアイコンをA38H.EXEにドラッグするか，MS–DOSプロンプト（DOS窓）から「c:¥h8>A38H ソースファイル名」と入力する（拡張子の入力は不要）．アセンブルが終わると，拡張子が「lis」と「obj」の2個のファイルが作成される．

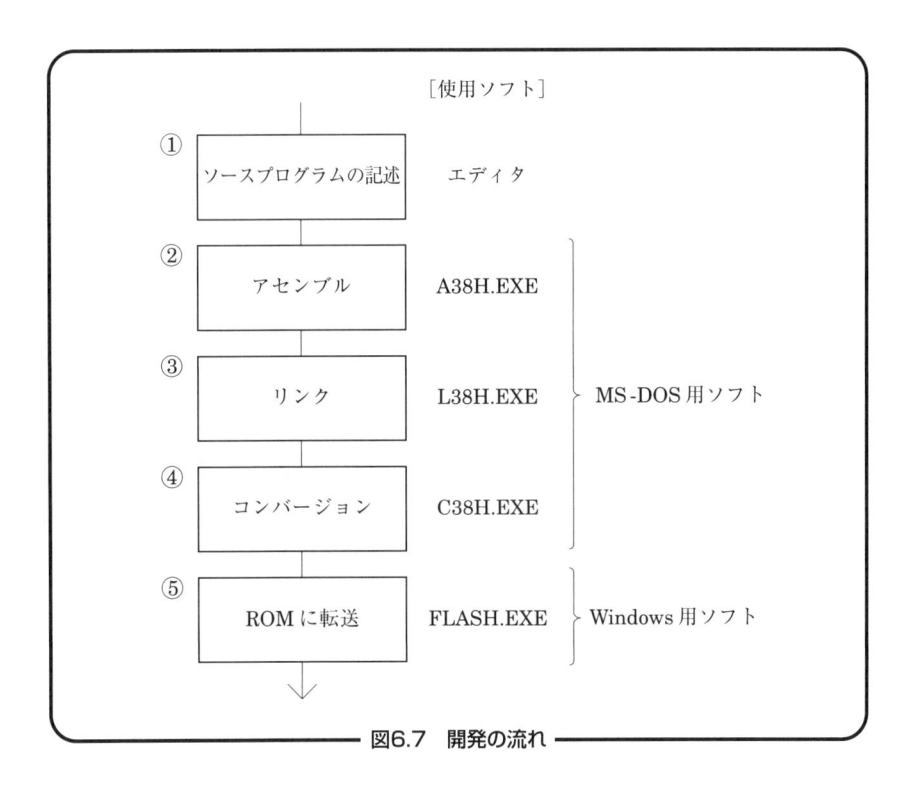

6.3 アセンブラによる開発例

```
                    [使用ソフト]

  ①  ┌──────────────┐
     │ソースプログラムの記述│    エディタ
     └──────────────┘
            │
  ②  ┌──────────────┐
     │  アセンブル   │    A38H.EXE   ┐
     └──────────────┘              │
            │                      │
  ③  ┌──────────────┐              │
     │   リンク     │    L38H.EXE   ├ MS-DOS用ソフト
     └──────────────┘              │
            │                      │
  ④  ┌──────────────┐              │
     │ コンバージョン │   C38H.EXE   ┘
     └──────────────┘
            │
  ⑤  ┌──────────────┐
     │  ROMに転送    │   FLASH.EXE  ├ Windows用ソフト
     └──────────────┘
            │
```

図6.7　開発の流れ

③ リンク（必要な情報を結合）

　リンカソフトを使用して，オブジェクトファイル（拡張子obj）をリンクする．リンクの方法は，オブジェクトファイルのアイコンをL38H.EXEにドラッグするか，MS-DOSプロンプト（DOS窓）から「c:\h8>L38H オブジェクトファイル名」と入力する（拡張子の入力は不要）．リンクが終わると，拡張子が「abs」のファイルが作成される．

④ コンバージョン（フォーマット変換）

　コンバータソフトを使用して，absファイルをH8のROMに書き込めるフォーマットに変換する．

　コンバージョンの方法は，absファイルのアイコンをC38H.EXEにドラッグするか，MS-DOSプロンプト（DOS窓）から「c:\h8>C38H absファイル名」と

189

● 第6章　プログラム開発ソフトの利用 ●

入力する（拡張子の入力は不要）．コンバージョンが終わると，拡張子が「mot」のファイルが作成される．

　以上，アセンブラ，リンカ，コンバータは，MS-DOS用のソフトなので，CD-ROMからコピーすれば使用できる．図6.8にMS-DOSプロンプトからコマンドを入力した場合の作業例，図6.9に使用ファイルを示す．ファイル名は「test1」，作業用フォルダはCドライブの「H8」としている．

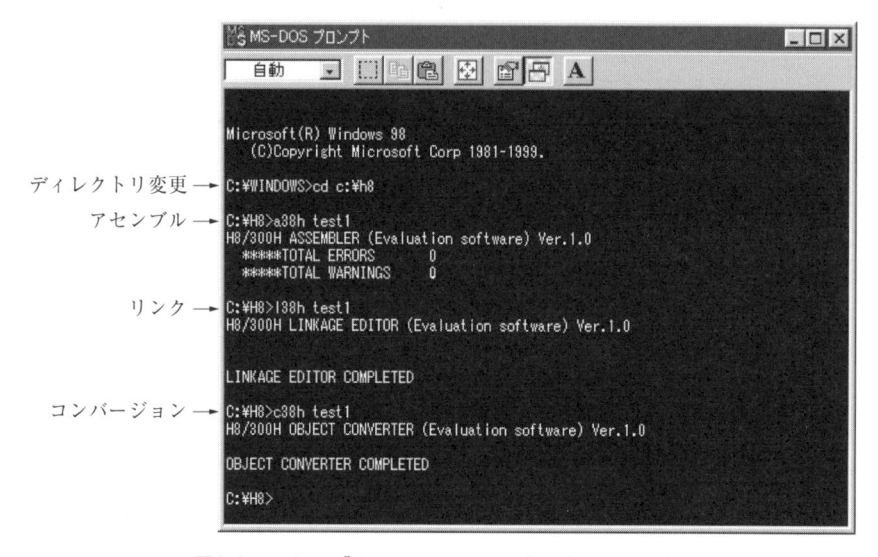

```
Microsoft(R) Windows 98
    (C)Copyright Microsoft Corp 1981-1999.

C:\WINDOWS>cd c:\h8            ← ディレクトリ変更

C:\H8>a38h test1               ← アセンブル
H8/300H ASSEMBLER (Evaluation software) Ver.1.0
    *****TOTAL ERRORS       0
    *****TOTAL WARNINGS     0

C:\H8>l38h test1               ← リンク
H8/300H LINKAGE EDITOR (Evaluation software) Ver.1.0

LINKAGE EDITOR COMPLETED

C:\H8>c38h test1               ← コンバージョン
H8/300H OBJECT CONVERTER (Evaluation software) Ver.1.0

OBJECT CONVERTER COMPLETED

C:\H8>
```

図6.8　アセンブル，リンク，コンバージョンの作業例

6.3 アセンブラによる開発例

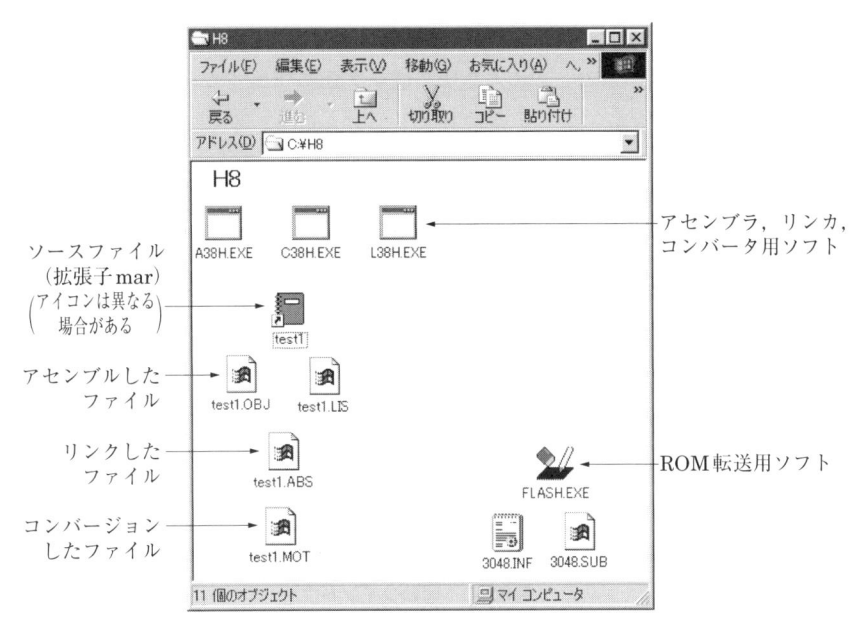

図6.9 使用ファイル

(ソースファイル（拡張子mar）／アイコンは異なる場合がある)
アセンブルしたファイル
リンクしたファイル
コンバージョンしたファイル
アセンブラ，リンカ，コンバータ用ソフト
ROM転送用ソフト

⑤ ROMに転送

MOTファイルができあがれば，転送ソフトを使用して，H8/3048FのROMに転送する．使用するソフトFLASH.EXEは，Windows用ソフトなので，インストールはCD-ROMに収録されているSETUP.EXEを使用する．ここでは，秋月電子通商のマザーボード(図6.6)を使用したプログラム書き込みの手順を紹介する．

(2) プログラムをROMへ書き込む手順

① H8/3048Fボードを差し込んだマザーボードを，RS232Cケーブルでパソコンと接続する．電源スイッチS6とライタスイッチS7はどちらもOFFにしておく．

● 第6章 プログラム開発ソフトの利用 ●

② FLASH.EXEをダブルクリックして起動する．図6.10に示す起動ウインドウが表示されたら，フラッシュメモリブロック情報ファイルに「3048.inf」，モード選択に「ブートモード」を選択して「設定」ボタンをクリックする．

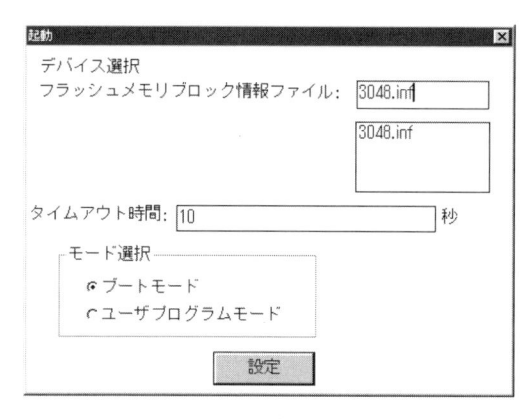

図6.10　起動ウインドウ

③ ブートモード設定ウインドウ（図6.11）が表示されたら，ライタスイッチS7をONにして，その後に電源スイッチS6をONにする．S7の操作は，必ずS6がOFFのときに行うようにする．

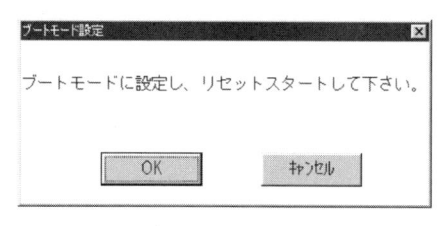

図6.11　ブートモード設定ウインドウ

● 6.3 アセンブラによる開発例 ●

④ **書き込み制御用のプログラム**が，H8/3048FのRAMに転送される（図6.12）．転送が終われば，転送ウインドウが閉じる．

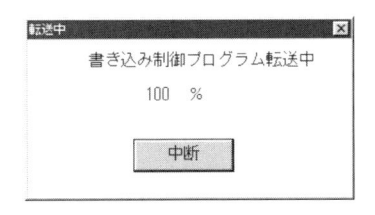

図6.12 転送ウインドウ

⑤ メニューバーの「WRITE」をクリックするとWRITEコマンドウインドウが表示されるので，転送するMOTファイル名を入力し，「OK」ボタンをクリックする（図6.13）．ファイル名の入力には，「参照」ボタンを使用すると便利である．

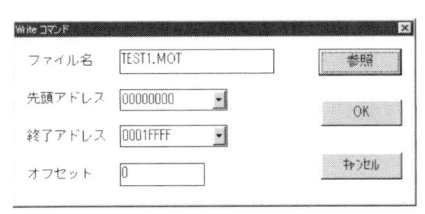

図6.13 WRITEコマンドウインドウ

⑥ MOTファイルの転送が終了すれば，転送ソフトFLASHウインドウの右上 ✕ ボタンをクリックしてプログラムを終了する．
⑦ マザーボードの電源スイッチS6をOFFにした後で，ライタスイッチS7をOFFにする．
⑧ S6を再びONにすると，転送したプログラムが実行される．

以上で，作成したプログラムの書き込み作業は終わりである．CD-ROMには，各種のマニュアルが収録されているので，必要に応じて参照するとよい．

演習問題の解答

第1章　マイコンとH8/300Hシリーズ

1.1　$T = 1/f = 1/(8 \times 10^6) = 0.125 \mu s$

1.2　$60\,000\,000/60/1\,000\,000 = 1\text{MIPS}$

1.3　省略

1.4　図1.18参照

1.5　電源を切っても格納したデータが消えないメモリ

1.6　Cフラグ＝0，Zフラグ＝1

1.7　3，7，8，5の順

1.8　PBDDRレジスタに0000 1111$_{(2)}$を書き込む．

1.9　H("1")レベルに維持する．

第2章　マイコンでのデータの扱い

①　33　　②　21　　③　−74　　④　B6　　⑤　0110 1011

⑥　6B　　⑦　1011 1010　　⑧　BA　　⑨　01111110　　⑩　126

⑪　1101 0010　　⑫　−46　　⑬　1011 1000$_{(2)}$　　⑭　1101 1110$_{(2)}$

⑮　1011 0100$_{(2)}$　　⑯　0100 1001$_{(2)}$　　⑰　0110 1111$_{(2)}$

⑱　0010 0110$_{(2)}$　　⑲　4　　⑳　64　　㉑　8　　㉒　2

㉓　0000 0100　　㉔　0100 0000

第3章　アセンブラ言語

3.1　(c)，(d)

3.2　5

3.3　①　サイズ　　②　アドレッシング　　③　2

第4章　基本プログラムの作成

〔解答例〕

4.1 　　　　MOV.B　　#D'57,R0L

　　　　　 MOV.B　　R0L,@DATA1

4.2 　　　　SUB.B　　#B'10101010,R5H

　　　　　 BEQ　　　STEP1

4.3 ①　　　MOV.W　　#D'0,R2

　　②　　　INC.W　　#2,R1

4.4 最上位の符号ビットがシフトされない．

第5章　応用プログラムの作成

5.1 呼び出し時のアドレスを覚えておくスタックは有限であるため．

5.2 RTS

5.3 RET

5.4 　　　　MOV.B　　#D'100,R0L

　　L1:　　 DEC.B　　R0L

　　　　　 NOP

　　　　　 BNE　　　L1

5.5 ①　　R0L

　　②　　R0L

　　③　　@LOOP

　　④　　@TIM1

● 付録 ●

付録1　H8命令セット

A.1 (1) 命令セット

	ニーモニック		サイズ	アドレッシングモード/命令長(バイト)								オペレーション	コンディションコード					実行ステート数	
				#xx	Rn	@ERn	@(d,ERn)	@(@ERn+/@-ERn)	@aa	@(d,PC)	@@aa	—		I	H	N	Z	V	C	ノーマル	アドバンスト
MOV	MOV.B	#xx:8,Rd	B	2									#xx:8→Rd8	—	—	↕	↕	0	—	2	
	MOV.B	Rs,Rd	B		2								Rs8→Rd8	—	—	↕	↕	0	—	2	
	MOV.B	@ERs,Rd	B			2							@ERs→Rd8	—	—	↕	↕	0	—	4	
	MOV.B	@(d:16,ERs),Rd	B				4						@(d:16,ERs)→Rd8	—	—	↕	↕	0	—	6	
	MOV.B	@(d:24,ERs),Rd	B				8						@(d:24,ERs)→Rd8	—	—	↕	↕	0	—	10	
	MOV.B	@ERs+,Rd	B					2					@ERs→Rd8,ERs32+1→ERs32	—	—	↕	↕	0	—	6	
	MOV.B	@aa:8,Rd	B						2				@aa:8→Rd8	—	—	↕	↕	0	—	4	
	MOV.B	@aa:16,Rd	B						4				@aa:16→Rd8	—	—	↕	↕	0	—	6	
	MOV.B	@aa:24,Rd	B						6				@aa:24→Rd8	—	—	↕	↕	0	—	8	
	MOV.B	Rs,@ERd	B			2							Rs8→@ERd	—	—	↕	↕	0	—	4	
	MOV.B	Rs,@(d:16,ERd)	B				4						Rs8→@(d:16,ERd)	—	—	↕	↕	0	—	6	
	MOV.B	Rs,@(d:24,ERd)	B				8						Rs8→@(d:24,ERd)	—	—	↕	↕	0	—	10	
	MOV.B	Rs,@-ERd	B					2					ERd32-1→ERd32,Rs8→@ERd	—	—	↕	↕	0	—	6	
	MOV.B	Rs,@aa:8	B						2				Rs8→@aa:8	—	—	↕	↕	0	—	4	
	MOV.B	Rs,@aa:16	B						4				Rs8→@aa:16	—	—	↕	↕	0	—	6	
	MOV.B	Rs,@aa:24	B						6				Rs8→@aa:24	—	—	↕	↕	0	—	8	
	MOV.W	#xx:16,Rd	W	4									#xx:16→Rd16	—	—	↕	↕	0	—	4	
	MOV.W	Rs,Rd	W		2								Rs16→Rd16	—	—	↕	↕	0	—	2	
	MOV.W	@ERs,Rd	W			2							@ERs→Rd16	—	—	↕	↕	0	—	4	
	MOV.W	@(d:16,ERs),Rd	W				4						@(d:16,ERs)→Rd16	—	—	↕	↕	0	—	6	
	MOV.W	@(d:24,ERs),Rd	W				8						@(d:24,ERs)→Rd16	—	—	↕	↕	0	—	10	
	MOV.W	@ERs+,Rd	W					2					@ERs→Rd16,ERs32+2→@ERd32	—	—	↕	↕	0	—	6	
	MOV.W	@aa:16,Rd	W						4				@aa:16→Rd16	—	—	↕	↕	0	—	6	
	MOV.W	@aa:24,Rd	W						6				@aa:24→Rd16	—	—	↕	↕	0	—	8	

*実行ステート数は、オペコードおよびオペランドが内蔵メモリに存在する場合である。以下A.7 (p.205) まで同様。

● 付録1　H8命令セット一覧 ●

A.1 (2) 命令セット

	ニーモニック		サイズ	#xx	Rn	@ERn	@(d,ERn)	@ERn/@ERn+	@aa	@(d,PC)	@@aa	-	オペレーション	I	H	N	Z	V	C	ノーマル	アドバンスト
MOV	MOV.W	Rs,@ERd	W			2							Rs16→@ERd	–	–	↕	↕	0	–	4	
	MOV.W	Rs,@(d:16,ERd)	W				4						Rs16→@(d:16,ERd)	–	–	↕	↕	0	–	6	
	MOV.W	Rs,@(d:24,ERd)	W				8						Rs16→@(d:24,ERd)	–	–	↕	↕	0	–	10	
	MOV.W	Rs,@-ERd	W					2					ERd32-2→ERd32,Rs16→@ERd	–	–	↕	↕	0	–	6	
	MOV.W	Rs,@aa:16	W						4				Rs16→@aa:16	–	–	↕	↕	0	–	6	
	MOV.W	Rs,@aa:24	W						6				Rs16→@aa:24	–	–	↕	↕	0	–	8	
	MOV.L	#xx:32,Rd	L	6									#xx:32→Rd32	–	–	↕	↕	0	–	6	
	MOV.L	ERs,ERd	L		2								ERs32→ERd32	–	–	↕	↕	0	–	2	
	MOV.L	@ERs,ERd	L			4							@ERs→ERd32	–	–	↕	↕	0	–	8	
	MOV.L	@(d:16,ERs),ERd	L				6						@(d:16,ERs)→ERd32	–	–	↕	↕	0	–	10	
	MOV.L	@(d:24,ERs),ERd	L				10						@(d:24,ERs)→ERd32	–	–	↕	↕	0	–	14	
	MOV.L	@ERs+,ERd	L					4					@ERs→ERd32,ERs32+4→ERs32	–	–	↕	↕	0	–	10	
	MOV.L	@aa:16,ERd	L						6				@aa:16→ERd32	–	–	↕	↕	0	–	10	
	MOV.L	@aa:24,ERd	L						8				@aa:24→ERd32	–	–	↕	↕	0	–	12	
	MOV.L	ERs,@ERd	L			4							ERs32→@ERd	–	–	↕	↕	0	–	8	
	MOV.L	ERs,@(d:16,ERd)	L				6						ERs32→@(d:16,ERd)	–	–	↕	↕	0	–	10	
	MOV.L	ERs,@(d:24,ERd)	L				10						ERs32→@(d:24,ERd)	–	–	↕	↕	0	–	14	
	MOV.L	ERs,@-ERd	L					4					ERd32-4→ERd32,ERs32→@ERd	–	–	↕	↕	0	–	10	
	MOV.L	ERs,@aa:16	L						6				ERs32→@aa:16	–	–	↕	↕	0	–	10	
	MOV.L	ERs,@aa:24	L						8				ERs32→@aa:24	–	–	↕	↕	0	–	12	
POP	POP.W	Rn	W									2	@SP→Rn16,SP+2→SP	–	–	↕	↕	0	–	6	
	POP.L	ERn	L									4	@SP→ERn32,SP+4→SP	–	–	↕	↕	0	–	10	
PUSH	PUSH.W	Rn	W									2	SP-2→SP,Rn16→@SP	–	–	↕	↕	0	–	6	
	PUSH.L	ERn	L									4	SP-4→SP,ERn32→@SP	–	–	↕	↕	0	–	10	
MOVFPE	MOVFPE	@aa:16,Rd	B						4				@aa:16→Rd(E同期)	–	–	↕	↕	0	–	(6)	
MOVTPE	MOVTPE	Rs,@aa:16	B						4				Rs→@aa:16(E同期)	–	–	↕	↕	0	–	(6)	

197

A.1 (3) 命令セット

ニーモニック		サイズ	アドレッシングモード/命令長（バイト）							オペレーション	コンディションコード					実行ステート数	
			#xx	Rn	@ERn	@(d,ERn)	@ERn+/@-ERn	@aa	@(d,PC)	@@aa	—		I	H	N	Z	V	C	ノーマル	アドバンスト
ADD	ADD.B #xx:8,Rd	B	2								Rd8+#xx:8→Rd8	—	↕	↕	↕	↕	↕	2	
	ADD.B Rs,Rd	B		2							Rd8+Rs8→Rd8	—	↕	↕	↕	↕	↕	2	
	ADD.W #xx:16,Rd	W	4								Rd16+#xx:16→Rd16	—	(1)	↕	↕	↕	↕	4	
	ADD.W Rs,Rd	W		2							Rd16+Rs16→Rd16	—	(1)	↕	↕	↕	↕	2	
	ADD.L #xx:32,ERd	L	6								ERd32+#xx:32→ERd32	—	(2)	↕	↕	↕	↕	6	
	ADD.L ERs,ERd	L		2							ERd32+ERs32→ERd32	—	(2)	↕	↕	↕	↕	2	
ADDX	ADDX.B #xx:8,Rd	B	2								Rd8+#xx:8+C→Rd8	—	↕	↕	(3)	↕	↕	2	
	ADDX.B Rs,Rd	B		2							Rd8+Rs8+C→Rd8	—	↕	↕	(3)	↕	↕	2	
ADDS	ADDS #1,ERd	L		2							ERd32+1→ERd32	—	—	—	—	—	—	2	
	ADDS #2,ERd	L		2							ERd32+2→ERd32	—	—	—	—	—	—	2	
	ADDS #4,ERd	L		2							ERd32+4→ERd32	—	—	—	—	—	—	2	
INC	INC.B Rd	B		2							Rd8+1→Rd8	—	—	↕	↕	↕	—	2	
	INC.W #1,Rd	W		2							Rd16+1→Rd16	—	—	↕	↕	↕	—	2	
	INC.W #2,Rd	W		2							Rd16+2→Rd16	—	—	↕	↕	↕	—	2	
	INC.L #1,ERd	L		2							ERd32+1→ERd32	—	—	↕	↕	↕	—	2	
	INC.L #2,ERd	L		2							ERd32+2→ERd32	—	—	↕	↕	↕	—	2	
DAA	DAA Rd	B		2							Rd8 10進補正→Rd8	—	*	↕	↕	*	↕	2	
SUB	SUB.B Rs,Rd	B		2							Rd8-Rs8→Rd8	—	↕	↕	↕	↕	↕	2	
	SUB.W #xx:16,Rd	W	4								Rd16-#xx:16→Rd16	—	(1)	↕	↕	↕	↕	4	
	SUB.W Rs,Rd	W		2							Rd16-Rs16→Rd16	—	(1)	↕	↕	↕	↕	2	
	SUB.L #xx:32,ERd	L	6								ERd32-#xx:32→ERd32	—	(2)	↕	↕	↕	↕	6	
	SUB.L ERs,ERd	L		2							ERd32-ERs32→ERd32	—	(2)	↕	↕	↕	↕	2	
SUBX	SUBX #xx:8,Rd	B	2								Rd8-#xx:8-C→Rd8	—	↕	↕	(3)	↕	↕	2	
	SUBX Rs,Rd	B		2							Rd8-Rs8-C→Rd8	—	↕	↕	(3)	↕	↕	2	

(1), (2), (3) は p.205 [注] 参照

● 付録1　H8命令セット一覧 ●

A.1 (4)　命令セット

ニーモニック		サイズ	アドレッシングモード/命令長(バイト)									オペレーション	コンディションコード						実行ステート数	
			#xx	Rn	@ERn	@(d,ERn)	@-ERn/@ERn+	@aa	@(d,PC)	@@aa	—		I	H	N	Z	V	C	ノーマル	アドバンスト
SUBS	SUBS #1,ERd	L		2								ERd32-1→ERd32	—	—	—	—	—	—	2	
	SUBS #2,ERd	L		2								ERd32-2→ERd32	—	—	—	—	—	—	2	
	SUBS #4,ERd	L		2								ERd32-4→ERd32	—	—	—	—	—	—	2	
DEC	DEC.B Rd	B		2								Rd8-1→Rd8	—	—	↕	↕	↕	—	2	
	DEC.W #1,Rd	W		2								Rd16-1→Rd16	—	—	↕	↕	↕	—	2	
	DEC.W #2,Rd	W		2								Rd16-2→Rd16	—	—	↕	↕	↕	—	2	
	DECL #1,ERd	L		2								ERd32-1→ERd32	—	—	↕	↕	↕	—	2	
	DECL #2,ERd	L		2								ERd32-2→ERd32	—	—	↕	↕	↕	—	2	
DAS	DAS Rd	B		2								Rd8 10進補正→Rd8	—	*	↕	↕	*	—	2	
MULXU	MULXU.B Rs,Rd	B		2								Rd8×Rs8→Rd16(符号なし乗算)	—	—	—	—	—	—	14	
	MULXU.W Rs,ERd	W		2								Rd16×Rs16→ERd32(符号なし乗算)	—	—	—	—	—	—	22	
MULXS	MULXS.B Rs,Rd	B		4								Rd8×Rs8→Rd16(符号付乗算)	—	—	↕	↕	—	—	16	
	MULXS.W Rs,ERd	W		4								Rd16×Rs16→ERd32(符号付乗算)	—	—	↕	↕	—	—	24	
DIVXU	DIVXU.B Rs,Rd	B		2								Rd16÷Rs8→Rd16(RdH余り, RdL商(符号なし除算))	—	—	(4)	(5)	—	—	14	
	DIVXU.W Rs,ERd	W		2								Rd16÷Rs16→ERd32(Ed:余り, Rd通(符号なし除算))	—	—	(4)	(5)	—	—	22	
DIVXS	DIVXS.B Rs,Rd	B		4								Rd16÷Rs8→Rd16(RdH余り, RdL商(符号付除算))	—	—	(6)	(5)	—	—	16	
	DIVXS.W Rs,ERd	W		4								Rd32÷ERd16→ERd32(Ed:余り, Rd商(符号付除算))	—	—	(6)	(5)	—	—	24	
CMP	CMPB #xx:8,Rd	B	2									Rd8-xx:8	—	↕	↕	↕	↕	↕	2	
	CMPB Rs,Rd	B		2								Rd8-Rs8	—	↕	↕	↕	↕	↕	2	
	CMP.W #xx:16,Rd	W	4									Rd16-#xx:16	—	(1)	↕	↕	↕	↕	4	
	CMP.W Rs,Rd	W		2								Rd16-Rs16	—	(1)	↕	↕	↕	↕	2	
	CMPL #xx:32,ERd	L	6									ERd32-#xx:32	—	(2)	↕	↕	↕	↕	6	
	CMPL ERs,ERd	L		2								ERd32-ERs32	—	(2)	↕	↕	↕	↕	2	
NEG	NEGB Rd	B		2								0-Rd8→Rd8	—	↕	↕	↕	↕	↕	2	
	NEGW Rd	W		2								0-Rd16→Rd16	—	↕	↕	↕	↕	↕	2	
	NEGL ERd	L		2								0-ERd32→ERd32	—	↕	↕	↕	↕	↕	2	

(1), (2), (4), (5), (6)はp.205【注】参照

A.1 (5) 命令セット

ニーモニック		サイズ	アドレッシングモード/命令長（バイト）							オペレーション	コンディションコード					実行ステート数	
			#xx	Rn	@ERn	@(d, ERn)	@-ERn/@ERn+	@aa	@(d, PC)	@@aa	—		I	H	N	Z	V	C	ノーマル	アドバンスト
EXTU	EXTU.W Rd	W		2								$0 \to (\langle bit15\sim8 \rangle\ of\ Rd16)$	—	—	0	↕	0	—	2	
	EXTU.L ERd	L		2								$0 \to (\langle bit31\sim16 \rangle\ of\ ERd32)$	—	—	0	↕	0	—	2	
EXTS	EXTS.W Rd	W		2								$(\langle bit7\ of\ Rd16 \rangle) \to (\langle bit15\sim8 \rangle\ of\ Rd16)$	—	—	↕	↕	0	—	2	
	EXTS.L ERd	L		2								$(\langle bit15\ of\ ERd32 \rangle) \to (\langle bit31\sim16 \rangle\ of\ ERd32)$	—	—	↕	↕	0	—	2	

A.2 論理演算命令

	ニーモニック	サイズ	アドレッシングモード/命令長（バイト）								オペレーション	コンディションコード					実行ステート数	
			#xx	Rn	@ERn	@(d, ERn)	@-ERn/@ERn+	@aa	@(d, PC)	@@aa	—		I	H	N	Z	V	C	ノーマル	アドバンスト
AND	AND.B #xx:8,Rd	B	2									$Rd8 \land \#xx8 \to Rd8$	—	—	↕	↕	0	—	2	
	AND.B Rs,Rd	B		2								$Rd8 \land Rs8 \to Rd8$	—	—	↕	↕	0	—	2	
	AND.W #xx:16,Rd	W	4									$Rd16 \land \#xx16 \to Rd16$	—	—	↕	↕	0	—	4	
	AND.W Rs,Rd	W		2								$Rd16 \land Rs16 \to Rd16$	—	—	↕	↕	0	—	2	
	AND.L #xx:32,ERd	L	6									$ERd32 \land \#xx32 \to ERd32$	—	—	↕	↕	0	—	6	
	AND.L ERs,ERd	L		2								$ERd32 \land ERs32 \to ERd32$	—	—	↕	↕	0	—	4	
OR	OR.B #xx:8,Rd	B	2									$Rd8 \lor \#xx8 \to Rd8$	—	—	↕	↕	0	—	2	
	OR.B Rs,Rd	B		2								$Rd8 \lor Rs8 \to Rd8$	—	—	↕	↕	0	—	2	
	OR.W #xx:16,Rd	W	4									$Rd16 \lor \#xx16 \to Rd16$	—	—	↕	↕	0	—	4	
	OR.W Rs,Rd	W		2								$Rd16 \lor Rs16 \to Rd16$	—	—	↕	↕	0	—	2	
	OR.L #xx:32,ERd	L	6									$ERd32 \lor \#xx32 \to ERd32$	—	—	↕	↕	0	—	6	
	OR.L ERs,ERd	L		2								$ERd32 \lor ERs32 \to ERd32$	—	—	↕	↕	0	—	4	
XOR	XOR.B #xx:8,Rd	B	2									$Rd8 \oplus \#xx8 \to Rd8$	—	—	↕	↕	0	—	2	
	XOR.B Rs,Rd	B		2								$Rd8 \oplus Rs8 \to Rd8$	—	—	↕	↕	0	—	2	
	XOR.W #xx:16,Rd	W	4									$Rd16 \oplus \#xx16 \to Rd16$	—	—	↕	↕	0	—	4	
	XOR.W Rs,Rd	W		2								$Rd16 \oplus Rs16 \to Rd16$	—	—	↕	↕	0	—	2	
	XOR.L #xx:32,ERd	L	6									$ERd32 \oplus \#xx32 \to ERd32$	—	—	↕	↕	0	—	6	
	XOR.L ERs,ERd	L		2								$ERd32 \oplus ERs32 \to ERd32$	—	—	↕	↕	0	—	4	
NOT	NOT.B Rd	B		2								$\sim Rd8 \to Rd8$	—	—	↕	↕	0	—	2	
	NOT.W Rd	W		2								$\sim Rd16 \to Rd16$	—	—	↕	↕	0	—	2	
	NOT.L ERd	L		2								$\sim Rd32 \to Rd32$	—	—	↕	↕	0	—	2	

A.3 シフト命令

ニーモニック	サイズ	\#xx	Rn	@ERn	@(d,ERn)	@-ERn/@ERn+	@aa	@(d,PC)	@@aa	—	オペレーション	I	H	N	Z	V	C	ノーマル	アドバンスト
SHAL																			
SHAL.B Rd	B		2									—	—	↕	↕	↕	↕	2	2
SHAL.W Rd	W		2									—	—	↕	↕	↕	↕	2	2
SHAL.L ERd	L		2									—	—	↕	↕	↕	↕	2	2
SHAR																			
SHAR.B Rd	B		2									—	—	↕	↕	0	↕	2	2
SHAR.W Rd	W		2									—	—	↕	↕	0	↕	2	2
SHAR.L ERd	L		2									—	—	↕	↕	0	↕	2	2
SHLL																			
SHLL.B Rd	B		2									—	—	↕	↕	0	↕	2	2
SHLL.W Rd	W		2									—	—	↕	↕	0	↕	2	2
SHLL.L ERd	L		2									—	—	↕	↕	0	↕	2	2
SHLR																			
SHLR.B Rd	B		2									—	—	0	↕	0	↕	2	2
SHLR.W Rd	W		2									—	—	0	↕	0	↕	2	2
SHLR.L ERd	L		2									—	—	0	↕	0	↕	2	2
ROTXL																			
ROTXL.B Rd	B		2									—	—	↕	↕	0	↕	2	2
ROTXL.W Rd	W		2									—	—	↕	↕	0	↕	2	2
ROTXL.L ERd	L		2									—	—	↕	↕	0	↕	2	2
ROTXR																			
ROTXR.B Rd	B		2									—	—	↕	↕	0	↕	2	2
ROTXR.W Rd	W		2									—	—	↕	↕	0	↕	2	2
ROTXR.L ERd	L		2									—	—	↕	↕	0	↕	2	2
ROTL																			
ROTL.B Rd	B		2									—	—	↕	↕	0	↕	2	2
ROTL.W Rd	W		2									—	—	↕	↕	0	↕	2	2
ROTL.L ERd	L		2									—	—	↕	↕	0	↕	2	2
ROTR																			
ROTR.B Rd	B		2									—	—	↕	↕	0	↕	2	2
ROTR.W Rd	W		2									—	—	↕	↕	0	↕	2	2
ROTR.L ERd	L		2									—	—	↕	↕	0	↕	2	2

● 付録 ●

A.4 (1) ビット操作命令

ニーモニック		サイズ	アドレッシングモード/命令長 (バイト)									オペレーション	コンディションコード						実行ステート数	
			#xx	Rn	@ERn	@(d,ERn)	@ERn+/@ERn-	@aa	@(d,PC)	@@aa	—		I	H	N	Z	V	C	ノーマル	アドバンスト
BSET	#xx3,Rd	B	2									(#xx:3 of Rd8)←1	–	–	–	–	–	–	2	
	#xx3,@ERd	B	2		4							(#xx:3 of @ERd)←1	–	–	–	–	–	–	8	
	#xx3,@aa8	B	2					4				(#xx:3 of @aa8)←1	–	–	–	–	–	–	8	
	Rn,Rd	B		2								(Rn8 of Rd8)←1	–	–	–	–	–	–	2	
	Rn,@ERd	B		2	4							(Rn8 of @ERd)←1	–	–	–	–	–	–	8	
	Rn,@aa8	B		2				4				(Rn8 of @aa8)←1	–	–	–	–	–	–	8	
BCLR	#xx3,Rd	B	2									(#xx:3 of Rd8)←0	–	–	–	–	–	–	2	
	#xx3,@ERd	B	2		4							(#xx:3 of @ERd)←0	–	–	–	–	–	–	8	
	#xx3,@aa8	B	2					4				(#xx:3 of @aa8)←0	–	–	–	–	–	–	8	
	Rn,Rd	B		2								(Rn8 of Rd8)←0	–	–	–	–	–	–	2	
	Rn,@ERd	B		2	4							(Rn8 of @ERd)←0	–	–	–	–	–	–	8	
	Rn,@aa8	B		2				4				(Rn8 of @aa8)←0	–	–	–	–	–	–	8	
BNOT	#xx3,Rd	B	2									(#xx:3 of Rd8)←~(#xx:3 of Rd8)	–	–	–	–	–	–	2	
	#xx3,@ERd	B	2		4							(#xx:3 of @ERd)←~(#xx:3 of @ERd)	–	–	–	–	–	–	8	
	#xx3,@aa8	B	2					4				(#xx:3 of @aa8)←~(#xx:3 of @aa8)	–	–	–	–	–	–	8	
	Rn,Rd	B		2								(Rn8 of Rd8)←~(Rn8 of Rd8)	–	–	–	–	–	–	2	
	Rn,@ERd	B		2	4							(Rn8 of @ERd)←~(Rn8 of @ERd)	–	–	–	–	–	–	8	
	Rn,@aa8	B		2				4				(Rn8 of @aa8)←~(Rn8 of @aa8)	–	–	–	–	–	–	8	
BTST	#xx3,Rd	B	2									(#xx:3 of Rd8)→Z	–	–	–	↕	–	–	2	
	#xx3,@ERd	B	2		4							(#xx:3 of @ERd)→Z	–	–	–	↕	–	–	6	
	#xx3,@aa8	B	2					4				(#xx:3 of @aa8)→Z	–	–	–	↕	–	–	6	
	Rn,Rd	B		2								(Rn8 of Rd8)→Z	–	–	–	↕	–	–	2	
	Rn,@ERd	B		2	4							(Rn8 of @ERd)→Z	–	–	–	↕	–	–	6	
	Rn,@aa8	B		2				4				(Rn8 of @aa8)→Z	–	–	–	↕	–	–	6	
BLD	#xx3,Rd	B	2									(#xx:3 of Rd8)→C	–	–	–	–	–	↕	2	
	#xx3,@ERd	B	2		4							(#xx:3 of @ERd)→C	–	–	–	–	–	↕	6	
	#xx3,@aa8	B	2					4				(#xx:3 of @aa8)→C	–	–	–	–	–	↕	6	
BILD	#xx3,Rd	B	2									~(#xx:3 of Rd8)→C	–	–	–	–	–	↕	2	
	#xx3,@ERd	B	2		4							~(#xx:3 of @ERd)→C	–	–	–	–	–	↕	6	
	#xx3,@aa8	B	2					4				~(#xx:3 of @aa8)→C	–	–	–	–	–	↕	6	

付録1 H8命令セット一覧

A.4 (2) ビット操作命令

ニーモニック		サイズ	アドレッシングモード/命令長（バイト）							オペレーション	コンディションコード						実行ステート数	
			#xx	Rn	@ERn	@(d, ERn)/@ERn+	@(d, ERn)/@(d, PC)	@aa	@@aa	―		I	H	N	Z	V	C	ノーマル	アドバンスト
BST	BST #xx:3,Rd	B		2							~C→(#xx:3 of Rd8)	―	―	―	―	―	―	2	2
	BST #xx:3,@ERd	B			4						~C→(#xx:3 of @ERd24)	―	―	―	―	―	―	8	8
	BST #xx:3,@aa8	B						4			~C→(#xx:3 of @aa8)	―	―	―	―	―	―	8	8
BIST	BIST #xx:3,Rd	B		2							~C→(#xx:3 of Rd8)	―	―	―	―	―	―	2	2
	BIST #xx:3,@ERd	B			4						~C→(#xx:3 of @ERd24)	―	―	―	―	―	―	8	8
	BIST #xx:3,@aa8	B						4			~C→(#xx:3 of @aa8)	―	―	―	―	―	―	8	8
BAND	BAND #xx:3,Rd	B		2							C∧(#xx:3 of Rd8)→C	―	―	―	―	―	↕	2	2
	BAND #xx:3,@ERd	B			4						C∧(#xx:3 of @ERd24)→C	―	―	―	―	―	↕	6	6
	BAND #xx:3,@aa8	B						4			C∧(#xx:3 of @aa8)→C	―	―	―	―	―	↕	6	6
BIAND	BIAND #xx:3,Rd	B		2							C∧~(#xx:3 of Rd8)→C	―	―	―	―	―	↕	2	2
	BIAND #xx:3,@ERd	B			4						C∧~(#xx:3 of @ERd24)→C	―	―	―	―	―	↕	6	6
	BIAND #xx:3,@aa8	B						4			C∧~(#xx:3 of @aa8)→C	―	―	―	―	―	↕	6	6
BOR	BOR #xx:3,Rd	B		2							C∨(#xx:3 of Rd8)→C	―	―	―	―	―	↕	2	2
	BOR #xx:3,@ERd	B			4						C∨(#xx:3 of @ERd24)→C	―	―	―	―	―	↕	6	6
	BOR #xx:3,@aa8	B						4			C∨(#xx:3 of @aa8)→C	―	―	―	―	―	↕	6	6
BIOR	BIOR #xx:3,Rd	B		2							C∨~(#xx:3 of Rd8)→C	―	―	―	―	―	↕	2	2
	BIOR #xx:3,@ERd	B			4						C∨~(#xx:3 of @ERd24)→C	―	―	―	―	―	↕	6	6
	BIOR #xx:3,@aa8	B						4			C∨~(#xx:3 of @aa8)→C	―	―	―	―	―	↕	6	6
BXOR	BXOR #xx:3,Rd	B		2							C⊕(#xx:3 of Rd8)→C	―	―	―	―	―	↕	2	2
	BXOR #xx:3,@ERd	B			4						C⊕(#xx:3 of @ERd24)→C	―	―	―	―	―	↕	6	6
	BXOR #xx:3,@aa8	B						4			C⊕(#xx:3 of @aa8)→C	―	―	―	―	―	↕	6	6
BIXOR	BIXOR #xx:3,Rd	B		2							C⊕~(#xx:3 of Rd8)→C	―	―	―	―	―	↕	2	2
	BIXOR #xx:3,@ERd	B			4						C⊕~(#xx:3 of @ERd24)→C	―	―	―	―	―	↕	6	6
	BIXOR #xx:3,@aa8	B						4			C⊕~(#xx:3 of @aa8)→C	―	―	―	―	―	↕	6	6

203

A.5 分岐命令

	ニーモニック	サイズ	#xx	Rn	@ERn	@(d,ERn)	@-ERn/@ERn+	@aa	@(d,PC)	@@aa	—	オペレーション	分岐条件	I	H	N	Z	V	C	ノーマル	アドバンスト
Bcc	BRA d8(BT d:8)	—							2			if condition is true then PC←PC+d else next;	Always	—	—	—	—	—	—	4	
	BRA d:16(BT d:16)	—							4				Always	—	—	—	—	—	—	6	
	BRN d8(BF d:8)	—							2				Never	—	—	—	—	—	—	4	
	BRN d:16(BF d:16)	—							4				Never	—	—	—	—	—	—	6	
	BHI d:8	—							2				C∨Z=0	—	—	—	—	—	—	4	
	BHI d:16	—							4				C∨Z=0	—	—	—	—	—	—	6	
	BLS d:8	—							2				C∨Z=1	—	—	—	—	—	—	4	
	BLS d:16	—							4				C∨Z=1	—	—	—	—	—	—	6	
	BCC d8(BHS d:8)	—							2				C=0	—	—	—	—	—	—	4	
	BCC d:16(BHS d:16)	—							4				C=0	—	—	—	—	—	—	6	
	BCS d8(BLO d:8)	—							2				C=1	—	—	—	—	—	—	4	
	BCS d:16(BLO d:16)	—							4				C=1	—	—	—	—	—	—	6	
	BNE d:8	—							2				Z=0	—	—	—	—	—	—	4	
	BNE d:16	—							4				Z=0	—	—	—	—	—	—	6	
	BEQ d:8	—							2				Z=1	—	—	—	—	—	—	4	
	BEQ d:16	—							4				Z=1	—	—	—	—	—	—	6	
	BVC d:8	—							2				V=0	—	—	—	—	—	—	4	
	BVC d:16	—							4				V=0	—	—	—	—	—	—	6	
	BVS d:8	—							2				V=1	—	—	—	—	—	—	4	
	BVS d:16	—							4				V=1	—	—	—	—	—	—	6	
	BPL d:8	—							2				N=0	—	—	—	—	—	—	4	
	BPL d:16	—							4				N=0	—	—	—	—	—	—	6	
	BMI d:8	—							2				N=1	—	—	—	—	—	—	4	
	BMI d:16	—							4				N=1	—	—	—	—	—	—	6	

● 付録1 H8命令セット一覧 ●

A.6 (1) システム制御命令

ニーモニック		サイズ	アドレッシングモード/命令長 (バイト)								オペレーション	分岐条件	コンディションコード					実行ステート数	
			#xx	Rn	@ERn	@(d, ERn)/@(d, ERn)	@ERn/@ERn+	@aa	@(d, PC)	@@aa			I	H	N	Z	V	C	ノーマル	アドバンスト
Bcc	BGE d:8	—									if condition is true then PC←PC+d else next;	N⊕V=0	—	—	—	—	—	—	4	
	BGE d:16	—											—	—	—	—	—	—	6	
	BLT d:8	—										N⊕V=1	—	—	—	—	—	—	4	
	BLT d:16	—											—	—	—	—	—	—	6	
	BGT d:8	—										Z∨(N⊕V)=0	—	—	—	—	—	—	4	
	BGT d:16	—											—	—	—	—	—	—	6	
	BLE d:8	—										Z∨(N⊕V)=1	—	—	—	—	—	—	4	
	BLE d:16	—											—	—	—	—	—	—	6	
JMP	@ERn	—			2						PC←ERn		—	—	—	—	—	—	4	
	@aa:24	—						4			PC←@aa24		—	—	—	—	—	—	6	
	@@aa:8	—								2	PC←@aa8		—	—	—	—	—	—	8	10
BSR	d:8	—						2			PC←@-SP;PC←PC+d:8		—	—	—	—	—	—	6	8
	d:16	—						4			PC←@-SP;PC←PC+d:16		—	—	—	—	—	—	8	10
JSR	@ERn	—			2						PC←@-SP;PC←ERn		—	—	—	—	—	—	6	8
	@aa:24	—						4			PC←@-SP;PC←@aa24		—	—	—	—	—	—	8	10
	@@aa:8	—								2	PC←@-SP;PC←@aa8		—	—	—	—	—	—	8	12
RTS		—								2	PC←@SP+		—	—	—	—	—	—	8	10

205

● 付録 ●

A.6 (2) システム制御命令

ニーモニック		サイズ	アドレッシングモード／命令長（バイト）								オペレーション	コンディションコード					実行ステート数	
			#xx	Rn	@ERn	@(d, ERn)	@ERn/@ERn+	@aa	@(d, PC)	@@aa	—		I	H	N	Z	V	C	ノーマル	アドバンスト
TRAPA	TRAPA #x2	—									2	PC→@-SP,CCR→@-SP,<<ベクタ>>→PC	1	—	—	—	—	—		14	16
RTE	RTE	—										CCR→@SP+,PC→@SP+	↕	↕	↕	↕	↕	↕		10
SLEEP	SLEEP	—										低消費電力状態に遷移	—	—	—	—	—	—		2
LDC	LDC #xx8,CCR	B	2									#xx8→CCR	↕	↕	↕	↕	↕	↕		2
	LDC Rs,CCR	B		2								Rs8→CCR	↕	↕	↕	↕	↕	↕		2
	LDC @ERs,CCR	W			4							@ERs→CCR	↕	↕	↕	↕	↕	↕		6
	LDC @(d:16,ERs),CCR	W				6						@(d:16,ERs)→CCR	↕	↕	↕	↕	↕	↕		8
	LDC @(d:24,ERs),CCR	W				10						@(d:24,ERs)→CCR	↕	↕	↕	↕	↕	↕		12
	LDC @ERs+,CCR	W					4					@ERs→CCR,ERs32+2→ERs32	↕	↕	↕	↕	↕	↕		8
	LDC @aa:16,CCR	W						6				@aa:16→CCR	↕	↕	↕	↕	↕	↕		8
	LDC @aa:24,CCR	W						8				@aa:24→CCR	↕	↕	↕	↕	↕	↕		10
STC	STC CCR,Rd	B		2								CCR→Rd8	—	—	—	—	—	—		2
	STC CCR,@ERd	W			4							CCR→@ERd	—	—	—	—	—	—		6
	STC CCR,@(d:16,ERd)	W				6						CCR→@(d:16,ERd)	—	—	—	—	—	—		8
	STC CCR,@(d:24,ERd)	W				10						CCR→@(d:24,ERd)	—	—	—	—	—	—		12
	STC CCR,@-ERd	W					4					ERd32-2→ERd32,CCR→@ERd	—	—	—	—	—	—		8
	STC CCR,@aa:16	W						6				CCR→@aa:16	—	—	—	—	—	—		8
	STC CCR,@aa:24	W						8				CCR→@aa:24	—	—	—	—	—	—		10
ANDC	ANDC #xx8,CCR	B	2									CCR∧#xx8→CCR	↕	↕	↕	↕	↕	↕		2
ORC	ORC #xx8,CCR	B	2									CCR∨#xx8→CCR	↕	↕	↕	↕	↕	↕		2
XORC	XORC #xx8,CCR	B	2									CCR⊕#xx8→CCR	↕	↕	↕	↕	↕	↕		2
NOP	NOP	—									2	PC→PC+2	—	—	—	—	—	—		2

● 付録1　H8命令セット一覧 ●

A.7 命令セット

ニーモニック	サイズ	アドレッシングモード/命令長（バイト）							オペレーション	コンディションコード						実行ステート数	
		#xx	Rn	@ERn	@(d,ERn)/@ERn+	@-ERn/@ERn+	@aa	@(d,PC)	@@aa		I	H	N	Z	V	C	ノーマル	アドバンスト
EEPMOV.B	—								4	if R4L ≠ 0 　Repeat @ER5→@ER6 　　R5+1→R5 　　R6+1→R6 　　R4L-1→R4L 　Until R4L=0 else next;	—	—	—	—	—	—	8+4n	nはR4Lまたは R4の設定値
EEPMOV.W	—								4	if R4 ≠ 0 　Repeat @ER5→@ER6 　　R5+1→R5 　　R6+1→R6 　　R4-1→R4 　Until R4=0 else next;	—	—	—	—	—	—	8+4n	nはR4Lまたは R4の設定値

【注】
(1) ビット11から桁上がりまたはビット11へ桁下がりが発生したときにセットされ，それ以外のとき0にクリアされる。
(2) ビット27から桁上がりまたはビット27へ桁下がりが発生したときにセットされ，それ以外のとき0にクリアされる。
(3) 演算結果が負のとき，演算前の値を保持し，それ以外のとき0にセットされる。
(4) 除数がゼロのとき1にセットされ，それ以外のとき0にクリアされる。
(5) 除数がゼロのとき1にセットされ，それ以外のとき0にクリアされる。
(6) 商が負のとき1にセットされ，それ以外のとき0にクリアされる。

● 付録 ●

付録2 マイコンなどの入手先

● H8マイコンボード，開発ソフトウェア，電子部品

（株）秋月電子通商（http://akizukidenshi.com/）
　店舗：〒101-0021　東京都千代田区外神田1-8-3　野水ビル1階
　　　　TEL 03-3251-1779
　通販：〒334-0063　埼玉県川口市東本郷252
　　　　TEL 048-287-6611　　FAX 048-287-6612

● H8マイコンボード，開発ソフトウェア

（有）イエローソフト（http://www.yellowsoft.com/）
　　　〒350-1213　埼玉県日高市高萩624-7　武蔵高萩駅前ビル3F
　　　TEL 0429-85-3118　　FAX 0429-85-3128

参考文献

● ルネサス テクノロジ

（http://japan.renesas.com/）
1. H8/3048シリーズ，H8/3048F-ZTATハードウェアマニュアル（ADJ-602-093F）
2. H8/3664シリーズ　ハードウェアマニュアル（ADJ-602-223B）
3. H8/300HシリーズテクニカルQ&A（ADJ-502-043A）
4. H8/300HシリーズアプリケーションノートCPU編（ADJ-502-036A）
5. H8/300Hシリーズアプリケーションノート内蔵I/O編（ADJ-502-040）
6. H8/300Hシリーズアプリケーションノート（ADJ-502-040A）
7. H8/300Hシリーズプログラミングマニュアル（ADJ-602-071C）
8. H8S，H8/300シリーズクロスアセンブラユーザーズマニュアル（ADJ-702-038E）

9. H8S, H8/300シリーズC/C++コンパイラユーザーズマニュアル（ADJ-702-137D）
10. H8S, H8/300シリーズC/C++コンパイラアプリケーションノート（ADJ-502-051A）
11. HEWユーザーズマニュアル（ADJ-702-275B）
12. F-ZTATマイコン　テクニカル　Q＆A（ADJ-502-055）
13. F-ZTATマイコン　プログラムユーザーズマニュアル（ADJ-702-211C）
14. 2電源版F-ZTATマイコンアプリケーションノート（ADJ-502-042B）

● 秋月電子通商
 1. H8-Cコンパイラ解説集（ダウンロード先　http://akizukidenshi.com/down/）
 2. AKI-H8/3048Fマイコンボードキット説明書
 3. AKI-H8マイコン専用マザーボードキット説明書

● イエローソフト
 1. YCシリーズ　Cコンパイラ　プログラマーズマニュアル
 2. YellowScope　ユーザーズマニュアル

● 堀　桂太郎著（東京電機大学出版局）
　H8マイコン入門

索　引

命　令

ADD	56
ADDS	60
ADDX	57
AND	69
ANDC	99
BAND	81
Bcc	87
BCLR	79
BIAND	81
BILD	85
BIOR	83
BIST	86
BIXOR	84
BLD	85
BNOT	79
BOR	82
BSET	78
BSR	92
BST	86
BTST	80
BXOR	83
CMP	66
DAA	61
DAS	62
DEC	59
DIVXS	65
DIVXU	65
EEPMOV	102
EXTS	67
EXTU	68
INC	58
JMP	91
JSR	93
LDC	98
MOV	53
MULXS	64
MULXU	63
NEG	67
NOP	101
NOT	71
OR	70
ORC	100
POP	55
PUSH	54
ROTL	75
ROTR	76
ROTXL	76
ROTXR	77
RTE	96
RTS	94
SHAL	72
SHAR	73
SHLL	74
SHLR	74
SLEEP	97
STC	99
SUB	57
SUBS	60
SUBX	58
TRAPA	95
XOR	70
XORC	101

英数字

0にマスク	39
1クロック	147
1ステート	147
1にマスク	39
1の補数	33
2進数	27
2の補数	32, 33
16進数	27
ALU	17
AND	38
CCR	20
CISC型	6

索引

CPI	4
CPU	2
Cコンパイラ	184
DDR	15
DR	15
EA拡張部	12
FLOPS	5
ICメモリ	2
LIFO	17
MIPS	5
NOT	38
OR	38
PC	20
RISC型	6
SP	19
VLIW型	6
XOR	38

あ 行

アセンブラ	25, 46, 183
アセンブラ言語	45
アセンブル	46
アドレッシング	50, 54, 110
イクセキュート	2
イミディエイト	54, 113
インタフェース	2
演算装置	2
オーバフローフラグ	21
オペランド	49
オペレーションフィールド	12

か 行

記憶装置	2
機械語	45
擬似命令	46
キャリフラグ	21
減算	35
コードセクション	122
コメント	49
コメント文	123
コモンセクション	122
コンディションコードレジスタ	20
コンディションフィールド	12
コントロールレジスタ	21

さ 行

サイクルタイム	4
サブルーチン	143
算術値	37
算術論理演算装置	17
シフト演算	40
シミュレータ	25
出力装置	2
処理時間	3
シングルチップアドバンストモード	14
スタック	17, 144
スタックセクション	122
スタックポインタ	19
ステート	4
ストアードプログラム方式	2
セクション	122
絶対アドレスアドレッシング	53
ゼロ拡張	68
ゼロフラグ	21
属性	122
ソースファイル	25
ソースプログラム	25

た 行

ダミーセクション	122
チャタリング	172
中央処理装置	2
定数	49
ディスプレースメント	111
デコード	2
データセクション	122
データディレクションレジスタ	15
データレジスタ	15
動作周波数	4

な 行

内部I/Oレジスタ	15

索　引

ニーモニック …………………………48
入力装置 …………………………………2

ネガティブフラグ …………………21
ネスト ………………………………145

━━━━━━━ は　行 ━━━━━━━

パケット ……………………………………6
ハーフキャリフラグ ………………20
汎用レジスタ ………………………19

左シフト ………………………………40
ビット番号 …………………………36

フェッチ ………………………………2
符号拡張 ……………………………68
符号付き2進数 ……………………32
符号ビット …………………………33
フラグレジスタ ……………………20
フラッシュメモリ …………………13
プルアップ機能 ……………………22
プログラムカウンタ ………………20
フローチャート ……………………25

平均クロック数 ………………………4

━━━━━━━ ま　行 ━━━━━━━

マイクロコントローラ ………………8

マイコン …………………………………1
マクロ命令 ………………………46, 47

右シフト ………………………………40

命令数 ……………………………………4
メモリマップトI／O方式 …………15

━━━━━━━ や　行 ━━━━━━━

ユーザビット ……………………20, 21

━━━━━━━ ら　行 ━━━━━━━

ラベル …………………………………48

リセットベクタ ……………………14
リンカ ………………………………184

レジスタ ……………………………18
レジスタ直接アドレッシング ……53
レジスタフィールド ………………12

ロケーションカウンタ …………123
ローテイト演算 ……………………40
論理値 …………………………………37

━━━━━━━ わ　行 ━━━━━━━

割り込みマスクビット ……………20

〈著者紹介〉

浅川　毅（あさかわ たけし）
　学　歴　　東京都立大学大学院　工学研究科博士課程 電気工学専攻 修了
　　　　　　博士（工学）
　職　歴　　東海大学　電子情報学部　コンピュータ応用工学科　准教授
　　　　　　第一種情報処理技術者
　主著書　「図解　やさしい理論回路の設計」（コロナ社）
　　　　　　「PICアセンブラ入門」（東京電機大学出版局）
　　　　　　「基礎コンピュータ工学」（東京電機大学出版局）他

堀　桂太郎（ほり けいたろう）
　学　歴　　日本大学大学院 理工学研究科 博士後期課程 情報科学専攻修了
　　　　　　博士（工学）
　職　歴　　国立明石工業高等専門学校　電気情報工学科　教授
　主著書　「H8マイコン入門」（東京電機大学出版局）
　　　　　　「アナログ電子回路の基礎」（東京電機大学出版局）
　　　　　　「図解PICマイコン実習」（森北出版）
　　　　　　「初めて学ぶディジタル回路入門ビギナー教室」（オーム社）
　　　　　　「絵ときディジタル回路入門早わかり」（オーム社）他

H8アセンブラ入門

2003年10月20日　第1版1刷発行 2007年 5月20日　第1版3刷発行	著　者　　浅川　毅　　堀　桂太郎
	学校法人　東京電機大学 発行所　　東京電機大学出版局 　　　　　　代表者　加藤康太郎
	〒101-8457 東京都千代田区神田錦町2-2 振替口座　00160-5-71715 電話　(03)5280-3433（営業） 　　　　(03)5280-3422（編集）
印刷　新日本印刷㈱ 製本　渡辺製本㈱ 装丁　高橋壮一	ⓒ Asakawa Takeshi, Hori Keitaro　2003 Printed in Japan

＊無断で転載することを禁じます。
＊落丁・乱丁本はお取替えいたします。
ISBN 978-4-501-53650-3　C3055

MPU関連図書

PICアセンブラ入門

浅川毅 著　　A5判　184頁

マイコンとPIC16F84／マイコンでのデータの扱い／アセンブラ言語／基本プログラムの作成／応用プログラムの作成／マイクロマウスのプログラム

H8アセンブラ入門

浅川毅・堀桂太郎 共著　　A5判　224頁

マイコンとH8/300Hシリーズ／マイコンでのデータの扱い／アセンブラ言語／基本プログラムの作成／応用プログラムの作成／プログラム開発ソフトの利用

H8マイコン入門

堀桂太郎 著　　A5判　208頁

マイコン制御の基礎／H8マイコンとは／マイコンでのデータ表現／H8/3048Fマイコンの基礎／アセンブラ言語による実習／C言語による実習／H8命令セット一覧／マイコンなどの入手先

H8ビギナーズガイド

白土義男 著　　B5変判　248頁

D/AとA/Dの同時変換／ITUの同期／PWMモードでノンオーバーラップ3相パルスの生成／SCIによるシリアルデータ送信／DMACで4相パルス生成／サイン波と三角波の生成

たのしくできる PIC電子工作 －CD-ROM付－

後閑哲也 著　　A5判　202頁

PICって？／PICの使い方／まず動かしてみよう／電子ルーレットゲーム／光線銃による早撃ちゲーム／超音波距離計／リモコン月面走行車／周波数カウンタ／入出力ピンの使い方

CによるPIC活用ブック

高田直人 著　　B5判　344頁

マイコンの基礎知識／Cコンパイラ／プログラム開発環境の準備／実験用マイコンボードの製作／C言語によるPICプログラミングの基礎／PICマイコン制御の基礎演習／PICマイコンの応用事例

たのしくできる C&PIC制御実験

鈴木美朗志 著　　A5判　208頁

ステッピングモータの制御／センサ回路を利用した実用装置／単相誘導モータの制御／ベルトコンベヤの制御／割込み実験／7セグメントLEDの点灯制御／自走三輪車／CコンパイラとPICライタ

たのしくできる PICプログラミングと制御実験

鈴木美朗志 著　　A5判　244頁

DCモータの制御／単相誘導モータの制御／ステッピングモータの制御／センサ回路を利用した実用回路／7セグメントLED点灯制御／割込み実験／MPLABとPICライタ／ポケコンによるPIC制御

図解 Z80マイコン応用システム入門 ソフト編 第2版

柏谷・佐野・中村 共著　　A5判　258頁

マイコンとは／マイコンおけるデータ表現／マイコンの基本構成と動作／Z80MPUの概要／Z80のアセンブラ／Z80の命令／プログラム開発／プログラム開発手順／Z80命令一覧表

図解 Z80マイコン応用システム入門 ハード編 第2版

柏谷・佐野・中村・若島 共著　　A5判　276頁

Z80MPU／MPU周辺回路の設計／メモリ／I/Oインタフェース／パラレルデータ転送／シリアルデータ転送／割込み／マイコン応用システム／システム開発

＊定価，図書目録のお問い合わせ・ご要望は出版局までお願いいたします。
URL　http://www.dendai.ac.jp/press/

「たのしくできる」シリーズ

たのしくできる
やさしいエレクトロニクス工作
西田和明 著　A5判　148頁

光の回路／マスコット蛍光灯／電子オルガン／集音アンプ／鉱石ラジオ／レフレックスラジオ／ワイヤレスミニTV送信器／アイデア回路／電気びっくり箱／念力判定器／半導体テスタ

たのしくできる
やさしい電源の作り方
西田和明・矢野勲 共著　A5判　172頁

基礎知識／手作り電池／ポータブル電源の製作／車載用電圧コンバータ／カーバッテリー用充電器／ポケット蛍光灯／固定電源の製作／出力可変のマルチ1.5A安定化電源／13.8V定電圧電源

たのしくできる
やさしいアナログ回路の実験
白土義男 著　A5判　196頁

トランジスタ回路の実験／増幅回路の実験／FET回路の実験／オペアンプの実験／発振回路の実験／オペアンプ応用回路の実験／光センサ回路／温度センサ回路／定電圧電源回路／リミッタ回路

たのしくできる
センサ回路と制御実験
鈴木美朗志 著　A5判　200頁

光・温度センサ回路／磁気・赤外線センサ回路／超音波・衝撃・圧力センサ回路／Z-80 CPUの周辺回路と制御実験／センサ回路を使用した制御実験／A-D・D-Aコンバータを使用した制御実験

たのしくできる
単相インバータの製作と実験
鈴木美朗志 著　A5判　160頁

インバータによる誘導モータの速度制御／直流電源回路／リレーシーケンス回路／PWM制御回路／周波数カウンタ回路／単相インバータの組立て／機械の速度制御／位相制御回路

たのしくできる
やさしい電子ロボット工作
西田和明 著　A5判　136頁

工作ノウハウ／プリント基板の作り方／ライントレースカー／光探査ロボットカー／ボイスコントロール式ロボットボート／タッチロボット／脱輪復帰ロボット／超音波ロボットマウス

たのしくできる
やさしいメカトロ工作
小峯龍男 著　A5判　172頁

道具と部品／標準の回路とメカニズム／ノコノコ歩くロボット／電源を用意する／光で動かす／音を利用する／ライントレーサ／相撲ロボット競技に挑戦／ロケット花火発射台／自動ブラインド

たのしくできる
やさしいディジタル回路の実験
白土義男 著　A5判　184頁

回路図の見方／回路部品の図記号／回路図の書き方／測定器の使い方／ゲートICの実験／規格表の見方／マルチバイブレータの実験／フリップフロップの実験／カウンタの実験

たのしくできる
PCメカトロ制御実験
鈴木美朗志 著　A5判　208頁

PC入出力装置／基本回路のプログラミング／応用回路のプログラミング／ベルトコンベヤと周辺装置／ベルトコンベヤを利用した各種の制御／ステッピングモータとDCモータの制御

たのしくできる
並列処理コンピュータ
小畑正貴 著　A5判　208頁

実験用マルチプロセッサボードmpSHのハードウェア／並列ライブラリプログラム／並列プログラムの実行方法／並列プログラムの基礎／応用問題／分散メモリプログラミング（MPI）

＊定価，図書目録のお問い合わせ・ご要望は出版局までお願いいたします。
URL　http://www.dendai.ac.jp/press/

SR-003

理工学講座

基礎 電気・電子工学 第2版
宮入・磯部・前田 監修　A5判　306頁

改訂 交流回路
宇野辛一・磯部直吉 共著　A5判　318頁

電磁気学
東京電機大学 編　A5判　266頁

高周波電磁気学
三輪進 著　A5判　228頁

電気電子材料
松葉博則 著　A5判　218頁

パワーエレクトロニクスの基礎
岸敬二 著　A5判　290頁

照明工学講義
関重広 著　A5判　210頁

電子計測
小滝國雄・島田和信 共著　A5判　160頁

改訂 制御工学 上
深海登世司・藤巻忠雄 監修　A5判　246頁

制御工学 下
深海登世司・藤巻忠雄 監修　A5判　156頁

気体放電の基礎
武田進 著　A5判　202頁

電子物性工学
今村舜仁 著　A5判　286頁

半導体工学
深海登世司 監修　A5判　354頁

電子回路通論 上／下
中村欽雄 著　A5判　226／272頁

画像通信工学
村上伸一 著　A5判　210頁

画像処理工学
村上伸一 著　A5判　178頁

電気通信概論 第3版
荒谷孝夫 著　A5判　226頁

通信ネットワーク
荒谷孝夫 著　A5判　234頁

アンテナおよび電波伝搬
三輪進・加来信之 共著　A5判　176頁

伝送回路
菊池憲太郎 著　A5判　234頁

光ファイバ通信概論
榛葉實 著　A5判　130頁

無線機器システム
小滝國雄・萩野芳造 共著　A5判　362頁

電波の基礎と応用
三輪進 著　A5判　178頁

生体システム工学入門
橋本成広 著　A5判　140頁

機械製作法要論
臼井英治・松村隆 共著　A5判　274頁

加工の力学入門
臼井英治・白樫高洋 共著　A5判　266頁

材料力学
山本善之 編著　A5判　200頁

改訂 物理学
青野朋義 監修　A5判　348頁

改訂 量子物理学入門
青野・尾林・木下 共著　A5判　318頁

量子力学概論
篠原正三 著　A5判　144頁

量子力学演習
桂重俊・井上真 共著　A5判　278頁

統計力学演習
桂重俊・井上真 共著　A5判　302頁

＊定価，図書目録のお問い合わせ・ご要望は出版局までお願いいたします。
URL　http://www.dendai.ac.jp/press/